国际人道主义灾害响应系列丛书

国家出版基金项目
NATIONAL PUBLICATION FOUNDATION

亚太地区灾害响应国际工具和服务指南

联合国人道主义事务协调办公室（OCHA） 编

中国地震应急搜救中心 编译

应急管理出版社
·北 京·

内容提要

本书侧重救灾关键工具和服务，目的在于支持亚太地区国家级灾害响应和救灾准备能力，在救灾方案周期的应急响应和救灾准备阶段，可以帮助各国政府的灾害管理人员获取救灾基本知识，了解调动和运用国际和地区工具和服务的方法，从而有效应对灾害并做好救灾准备工作。

本书内容具有很强的综合性和实践性，适合作为国家灾害管理组织，以及参与灾害应对和救灾准备工作的相关职能部门、政府间组织代表、民间救援人员和受灾群体的参考文件。

《亚太地区灾害响应国际工具和服务指南》编译委员会

联合国
人道主义事务协调办公室
传真：…… + (4122) 917-0023
电话：…… + (4122) 917-1234

联合国
人道主义事务协调办公室
万国宫
CH-1211 日内瓦 10 号

2022 年 4 月 19 日

我代表联合国人道主义事务协调办公室的应急响应科（ERS），很高兴看到我们的五份应急响应资源文件已翻译成中文。在此，我再次衷心感谢中华人民共和国应急管理部（MEM）中国地震应急搜救中心（NERSS）提供的支持。因此，ERS 同意出版和发行以下文件的中文版本:

- 国际搜索与救援指南（2020）
- 联合国灾害评估与协调队现场工作手册（2018）
- 现场行动协调中心指南（2018）
- 国际地震应急演练指南（2021）
- 亚太地区灾害响应国际工具和服务指南

我谨借此机会感谢中华人民共和国政府为该项目提供资助，并期待 NERSS、MEM 和 ERS 继续开展合作。

谨启

Sebastian Rhodes Stampa
联合国人道主义事务协调办公室（日内瓦）
响应支持处应急响应科主管
国际搜索与救援咨询团秘书负责人

NATIONS UNIES

BUREAU DE LA COORDINATION
DES AFFAIRES HUMANITAIRES

Facsimile: .... + (4122) 917-0023
Telephone: .... + (4122) 917-1234

UNITED NATIONS

OFFICE FOR THE COORDINATION
OF HUMANITARIAN AFFAIRS

Palais des Nations
CH-1211 GENÈVE 10

19 April 2022

On behalf of the Emergency Response Section (ERS), located within the United Nations Office for the Coordination of Humanitarian Affairs, I am pleased to note the completion of the translation of five of our emergency response resource documents into Chinese. I would like to reaffirm my sincere gratitude for the support provided by the National Earthquake Response Support Service (NERSS), Ministry of Emergency Management of P.R. China. The ERS therefore endorses the publication and distribution of the Chinese versions of:

- International Search and Rescue Advisory Group (INSARAG) Guidelines 2020
- United Nations Disaster Assessment and Coordination Field Handbook
- On-Site Operations Coordination Center Guidelines 2018
- International Earthquake Response Exercise (IERE) v2.0, Disaster Response in Asia and the Pacific
- INSARAG Earthquake Response Exercise Guide

I would like to take this opportunity to thank the Government of P.R. China for sponsoring this project and I look forward to the continued cooperation between NERSS, MEM and the ERS.

Yours sincerely,

Sebastian Rhodes Stampa
Chief, Emergency Response Section
and Secretary, INSARAG
Response Support Branch
OCHA Geneva

译者序

党的十八大以来，以习近平同志为核心的党中央着眼党和国家事业发展全局，坚持以人民为中心的发展思想，统筹发展和安全两件大事，把安全摆到了前所未有的高度，应急管理体系和能力现代化水平也在不断提升。国务院印发的《“十四五”国家应急体系规划》明确提出，要建强应急救援主力军国家队，加强跨国（境）救援队伍能力建设，积极参与国际重大灾害应急救援、紧急人道主义援助；要增进国际交流合作，加强与联合国减少灾害风险办公室等国际组织的合作，推动构建国际区域减轻灾害风险网络。

“国际人道主义灾害响应系列丛书”由中国地震应急搜救中心组织编译，旨在为我国参与国际人道主义领域工作，以及希望了解相关知识体系的政府机关、企事业单位、科研院校、非政府组织、应急救援队伍和个人，提供当前联合国框架下国际人道主义相关理念和成熟做法的中文文献资料。丛书共编译五本图书，包括《国际搜索与救援指南（2020）》《联合国灾害评估与协调队现场工作手册（2018）》《现场行动协调中心指南（2018）》《国际地震应急演练指南（2021）》《亚太地区灾害响应国际工具和服务指南》，均由联合国人道主义事务协调办公室（OCHA）或其下属部门编写。

联合国人道主义事务协调办公室成立于 1998 年，隶属于联合国秘书处，由联合国副秘书长直接领导，通过整体协调、政策导向、咨询建议、信息管理和人道主义资金援助等行使其协调全球人道主义事务的职责。选择这五本图书组成“国际人道主义灾害响应系列丛书”，一方面是考虑到联合国人道主义事务协调办公室在国际人道主义领域的权威性，另一方面是考虑到内容的综合性、专业性和实用性。丛书所涵盖的内容涉及五个方面：国际人道主义救援的理论和方法——国际搜索与救援指南；致力于现场高效评估协调的队伍——联合国灾害评估与协调队；国际人道主义紧急援助协调的核心平台——现场行动协调中心；围绕亚太地区的情况介绍——灾害响应国际工具和服务；以及用于指导国际地震应急演练筹备、组织和具体实施的指南。五本图书的内容既在专业领域方面各有偏重，又在体系上相互呼应和补充，组成了一个有机整体。

为了使丛书的编译工作更加科学有效，中国地震应急搜救中心根据编译团队人员的业务专长对编译工作进行了有针对性的分组和分工，并采取分散、集中和交叉翻校译相结合的方式，以科学严谨的态度，用时两年高质量地完成了这套丛书的编译工作。其中，《国际搜索与救援指南（2020）》一书由李立负责，成员包括陈思羽、高娜、高伟、曲旻皓、王海鹰、张天罡、刘晶晶、徐一凡、原丽娟、王盈、严瑾、张帅、张硕南、韩珂；《联合国灾害评估与协调队现场工作手册（2018）》一书由陈思羽负责，成员包括李立、王洋、王海鹰、高娜、张煜、杨新红、张涛、张天罡、张帅、曲旻皓、张硕南、韩珂；《现场行动协调中心指南（2018）》一书由刘本帅负责，成员包括曲旻皓、高伟、张帅、李立、王洋、陈思羽、张天罡、张硕南、韩珂；《国际地震应急演练指南（2021）》一书由王洋负责，成员包括张帅、张硕南、李立、高娜、陈思羽、张天罡、曲旻皓、韩珂；《亚太地区灾害响应国际工具和服务指南》一书由张帅负责，成员包括陈思羽、张煜、王海鹰、李立、高娜、曲旻皓、王盈、严瑾、原丽娟、张天罡、赵文强、朱笑然、张硕南、韩珂。丛书的审定工作由宁宝坤负责。

在丛书编译过程中，应急管理出版社的编辑人员给予了大力支持，并成功获得国家出版基金资助。在此对国家出版基金、应急管理出版社以及为丛书编译工作提供帮助和支持的相关单位与专家，表示诚挚的谢意。

由于编译人员能力有限，丛书在编译过程中难免存在不当之处，望读者多加指正。

译者

2023 年 10 月

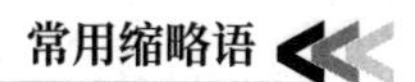

常用缩略语

AADMER	东盟灾害管理和应急响应协定
ACAPS	评估能力项目
ACDM	东盟灾害管理委员会
ADB	亚洲开发银行
ADInet	东盟灾害信息网
ADMER Fund	东盟灾害管理和紧急援助基金
ADRC	亚洲减灾中心
ADRRN	亚洲减灾和救灾响应网络
AHA Centre	东盟灾害管理人道主义援助协调中心
APC-MADRO	亚太地区救灾行动军事援助会议
APDRF	亚太救灾基金（亚洲开发银行）
APEC	亚太经合组织
APG	东盟灾害管理和应急响应协定伙伴关系小组
APP	亚洲备灾伙伴关系
APRSAF	亚太地区空间机构论坛
ARF	东盟地区论坛
ARFDiREx	东盟地区论坛救灾演练
ASEAN	东南亚国家联盟
ASEC	东盟秘书处
CADRI	减灾能力倡议
CBPF	国家集合基金
CERF	中央应急响应基金

CHASE	冲突、人道主义和安全部（英国国际发展部）
CHS	人道主义质量与责信核心标准
DART	灾害援助响应队（美国）
DFID	国际发展部（英国）
DMHA	灾害管理和人道主义援助部（东盟）
DMRS	东盟灾害监测和响应系统
DREF	红十字会与红新月会国际联合会救灾应急基金
DRF	灾后恢复框架
DRR	减少灾害风险
EAS	东亚峰会
ECHO	欧洲民事保护和人道主义援助行动总局
ECOSOC	联合国经济及社会理事会
EEC	突发环境事件中心（联合国环境规划署 / 联合国人道主义事务协调办公室）
EMT	紧急医疗队
EMTCC	紧急医疗队协调单元
ERAT	（东盟）应急响应和评估队
ERC	联合国紧急援助协调员
ERP	应急响应准备
ERU	应急响应单元（国际红十字与红新月运动）
EU	欧盟
FACT	现场评估和协调队（国际红十字与红新月运动）
FAO	联合国粮食及农业组织
FEAT	快速环境评估工具

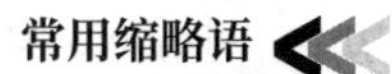

FTS	财务跟踪服务
GDACS	全球灾害预警与协调系统
GenCap	性别问题待命人员名册
GFDRR	全球减灾与灾后恢复基金（世界银行）
GIS	地理信息系统
GNDR	减灾民间团体组织全球网络
GPP	全球备灾伙伴关系
HAT（OCHA）	人道主义咨询小组
HC	人道主义协调员
HCT	人道主义国家工作队
HDX	人道主义数据交换
HRP	人道主义响应计划
HPC	人道主义计划周期
IARRM	机构间快速响应机制
IASC	机构间常设委员会
ICVA	国际志愿机构理事会
ICRC	红十字国际委员会
IEC	国际搜索与救援咨询团分级测评
IFRC	红十字会与红新月会国际联合会
IHL	国际人道法
IHP	国际人道主义伙伴关系
IM	信息管理
IMU（OCHA）	信息管理单元

INEE	机构间应急教育网络
INGO	国际非政府组织
INSARAG	国际搜索与救援咨询团
IOM	国际移民组织
JDR	日本救灾队（日本国际协力机构）
JICA	日本国际协力机构
JSPADM	灾害管理联合战略行动计划
LEGS	牲畜应急指南和标准
MCDA	军事和民防资产
MIRA	多组群初期快速评估
MISP	最低初始服务包
MOU	谅解备忘录
MPTF	多伙伴信托基金
NDMA	国家灾害管理机构
NDMO	国家灾害管理组织
NDRRM	自然灾害快速响应机制
NGO	非政府组织
NOAA	国家海洋和大气管理局（美国）
NORCAP	挪威难民委员会专家部署机制
OCHA	联合国人道主义事务协调办公室
OHCHR	联合国人权事务高级专员办事处
OP（OCHA）	联合国人道主义事务协调办公室驻太平洋岛国办事处
OSOCC	现场行动协调中心

PAHO	泛美卫生组织
PC	太平洋共同体
PDC	太平洋防灾中心
PDN	太平洋灾害网
PEF	流行病应急融资基金
PHT	太平洋人道主义工作队
PIF	太平洋岛国论坛
ProCap	保护问题待命人员名册
PSEA	防止性剥削和性虐待
PTWS	太平洋海啸预警系统
RCRC	国际红十字与红新月运动
RDC	接待和撤离中心
RDRT	地区灾害响应小组（国际红十字与红新月运动）
RHPF	地区人道主义伙伴关系论坛
RIMES	地区综合多灾种早期预警系统
ROAP	（联合国人道主义事务协调办公室）亚太地区办事处
SAARC	南亚区域合作联盟
SADKN	南亚灾害知识网（南亚区域合作联盟）
SASOP	地区待命安排的标准行动程序
SATHI	南亚人道主义要务协作组织
SCHR	人道主义响应指导委员会
SDMC	南盟灾害管理中心
SEARHEF	东南亚地区卫生应急基金

UCC	城市搜索与救援协调单元
UN	联合国
UN-CMCoord	联合国人道主义军民协调
UNCT	联合国国家工作队
UNDAC	联合国灾害评估与协调
UNDP	联合国开发计划署
UNFPA	联合国人口基金会
UNHCR	联合国难民事务高级专员公署
UNHRD	联合国人道主义应急仓库
UNICEF	联合国儿童基金会
UNISDR	联合国国际减灾战略
UNOPS	联合国项目服务办公室
UNOSAT	联合国卫星中心
UNRC	联合国驻地协调员
UN-SPIDER	联合国灾害管理和应急响应天基信息平台
USAID	美国国际开发署
USAR	城市搜索与救援队
US$	美元
USGS	美国地质调查局
VOSOCC	虚拟现场行动协调中心
WFP	世界粮食计划署
WHO	世界卫生组织
WHS	世界人道主义峰会

图表清单

案例研究清单

目　录

引　言

在亚太地区救灾过程中，如何发挥国际和地区响应工具与服务的支援作用？

从全球范围看，亚太地区是灾害最为频繁的地区，因此灾害管理是亚太各国的一项首要任务。过去十年间，这一地区的大多数国家都建立了国家级灾害管理机构和体系，从而确保更有效地开展灾害救援。此外，基于南南合作框架，受灾国家间的双边救援合作也在逐渐加强，并且地区内各类救灾组织的能力也有所提高，这些因素都使得灾害响应体系更加多元化。因此，亚太地区的灾害管理和灾害响应，需要依靠坚强的国家级领导力作为保障，特别是在发生自然灾害期间，必要时还需调动国际和地区救援人员，增强政府救援效力。

国家主导的灾害管理，不仅涉及政府部门，还涵盖“各类社会群体”，包括军队、私营企业、民间组织，以及至关重要的受灾群体本身。在亚太地区，当地社区人员总是最先投身于救灾前线，也是灾区善后和重建阶段不可或缺的力量。因此，如果社区人员积极参与救灾，那么灾害管理就会得到加强，特别是以社区力量为主的救灾方案，可以利用当地各种可用的资源，降低灾害风险损失。

在人道主义救援过程中，如果要真正做到有的放矢、响应及时和行之有效，那么所有救援行动必须以受灾群体为核心，在灾害前、灾害中和灾害后，当地社区人员必须积极参与并全力投入。

亚太地区的近期救灾经验表明，在重大自然灾害发生后的最初几个星期内，开展国际援助尤为关键，在急剧恶化的复杂紧急情况下，若想有效地强化救灾响应措施，就需要积极地进行持续的宣传引导和统筹协调。救援措施应首先满足受灾群体的迫切需求，借助并配合国家救灾体系开展工作，充分利用受灾国家和地区的现有资源。如果有必要，还应该调拨国际救灾资源和专业力量，弥补出现的能力短板（图 0–1）。

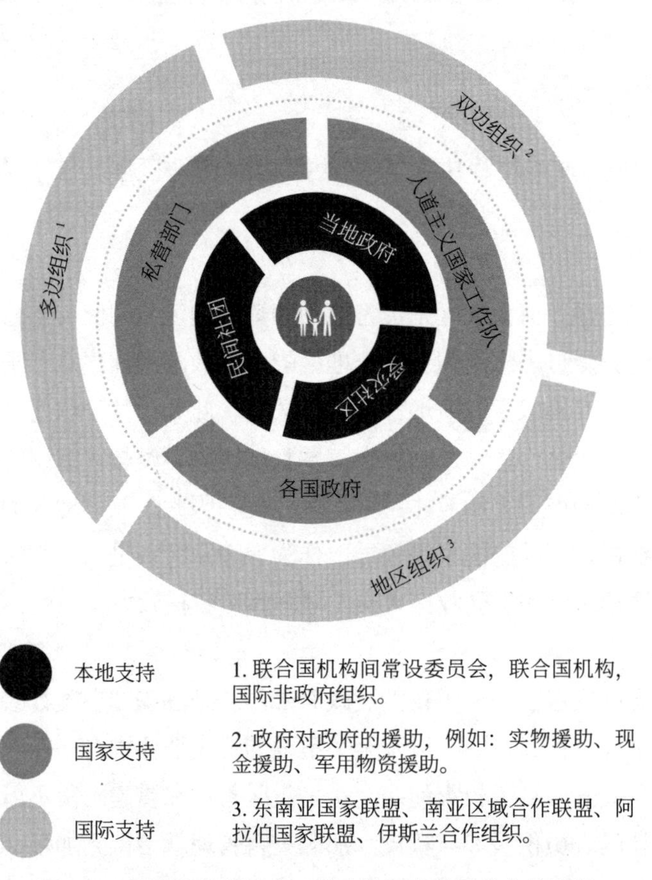

图 0–1　国际和地区响应工具支持亚太地区救灾的途径

1. 编制原因

《亚太地区灾害响应国际工具和服务指南》（以下简称《指南》）已于 2017 年进行了修订更新。2011 年，在中国上海举行了亚太地区人道主义伙伴关系论坛（RHPF），2013 年编制完成了第一版指南。在 2011 年的论坛研讨会上，联合国（UN）成员国和其他人道主义利益相关方要求编制一本手册，指导灾害管理人员了解国家、地区和国际人道主义响应机制之间的相互关系。第一版指南由相关方代表协商后编制，包括亚太地区的政府官员以及政府间组织、国际红十字与红新月运动（RCRC）、国家和国际非政府组织（NGOs/INGOs）、捐助方以及其他主要国际机构。

针对修订后的《指南》，也向相关合作伙伴进行了咨询。

2. 编制目的

本指南用于帮助各国政府的灾害管理人员获取救灾基本知识，了解调动和运用国际和地区工具和服务的方法，从而有效应对灾害并做好救灾准备工作。

但是，本指南并非强制性规定。实际上，其目的在于支持亚太地区国家级灾害响应和救灾准备能力。

这是一份关于救灾相关工具和服务的参考资料，可以帮助快速调动人道主义援助资源并做出应急响应。

3. 目标受众

本指南主要面向：国家灾害管理组织（NDMO），以及参与灾害响应和救灾准备工作的相关职能部委。它也是政府间组织代表、民间社团救援人员和受灾群体的参考文件。

4. 内容范围

本指南侧重于救灾关键工具和服务，在救灾方案周期的应急响应和救灾准备阶段，可以帮助灾害管理人员开展工作，还包括一些与灾区冲突局势相关的内容。但是，不包括支持更全面的减少灾害风险（DRR）的措施工具和服务，也不包括仍在开发中的长期灾后恢复手段或工具和服务（图 0–2）。

5. 运用方式

（1）建立对灾害地区可用工具和服务的共同认知。
（2）为小、中、大型灾害应急响应决策提供依据。
（3）在灾害发生前和发生时，帮助确定可用的国际专业技术资源。
（4）促进人道主义救援人员之间建立伙伴关系。
（5）为国家和地区教育机构的相关学术课程提供信息。

6. 组织方式

最开始为引言部分。之后，本指南包括指南框架、人道主义机构、国际协调机制、工具和服务及早期预警系统 5 个具体章节。

本指南介绍了获取更多详细信息的方法，并提供了相关联系信息，用于请求本文所提的服务和工具的部署。

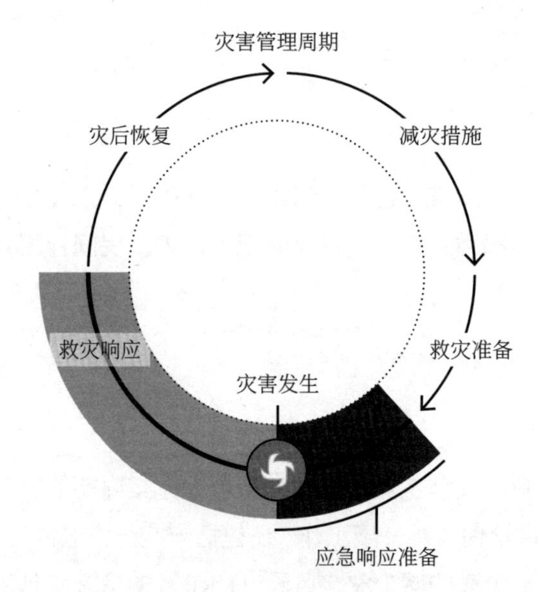

注：本指南不包括支持更全面的减少灾害风险（DRR）的措施工具和服务。

图 0-2　指南范围：救灾响应和应急响应准备

救灾响应和应急响应准备

救灾响应——在灾害发生时或之后立即提供援助，采取干预措施，挽救生命并满足受灾群体的基本生存需求。

应急响应准备——在灾害发生前开展救灾准备活动，目的在于最大程度地减少灾害造成的人员伤亡和财产损失，确保可以实施救援、救济、灾后恢复和其他服务。为灾害发生后及时和迅速响应所做的准备工作，称为“应急响应准备”。

A　指南框架

在各种紧急情况下，最先做出应急响应的都是受灾群体、社区和地方组织以及受灾国政府机构。中央政府可能会请求地区合作伙伴或国际人道主义系统提供外部支持。虽然国家法律体系是保护受灾群体的主要监管框架，但提供国际人道主义援助时，要以联合国大会第46/182号决议（1991）为指导，从而加强联合国人道主义紧急援助的协调。这项决议为紧急救援提供了框架，并为目前的人道主义体系救援工作提供了信息。这项决议为人道主义行动制定了12项指导原则，明确了人道、中立和公正的核心人道主义原则。为了加强联合国人道主义紧急援助协调，随后联合国大会出台了多项决议，强化了大会第46/182号决议，扩展了核心人道主义原则的内容，将行动的独立性纳入其中（图A–1）。

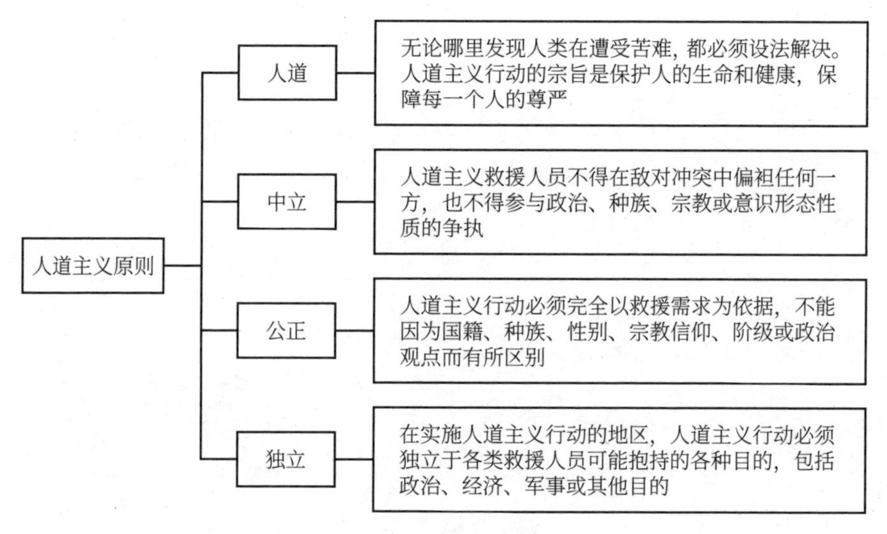

图A–1　人道主义原则

人道主义行动也受到国际人道主义法和人权法的规范，相关法律对特定国家可能具有约束力，而对另一些国家没有约束力。1949年《日内瓦公约》，以及1977年和2005年通过的附加议定书，构成了国际人道主义法的核心，监管武装冲突的行为并力求限制其影响。《日内瓦公约》已得到所有国家的批准，在全球普遍适用。

人道主义相关法规的宗旨

国际人道主义行动法规具有 3 项主要功能：

—（1）维护主权和领土完整的原则。

—（2）保障基本权利，并保护受灾群体。

—（3）合理界定人道主义救援人员的各种角色和职责。

亚太地区国际人道主义行动的其他法规可分为 3 类：①对各国不具约束力的法规；②对各国具有约束力的法规；③指导受灾国和非受灾国救援人员人道主义行动的自愿准则。本指南并未列出可能适用于灾害应对的所有法规文件，而是侧重于那些与受灾地区人道主义行动最为相关的一些文件。

A.1 对各国不具约束力的法规

为有效应对灾害，必须对国际人道主义行动进行管理，制定了对各国不具约束力的法规，包括：

—（1）联合国大会第 46/182 号决议[1]。

—（2）红十字会与红新月会国际联合会（IFRC）国际救灾及灾后初期恢复的国内协助及管理准则。

—（3）世界海关组织关于自然灾害救援中海关作用的决议。

—（4）南太平洋地区的法国、澳大利亚和新西兰协定。

A.1.1 联合国大会第 46/182 号决议（简称 GA46/182 决议）

该决议定义了受灾国政府请求外部支持时，联合国在协调国际人道主义援助

1 除第 46/182 号决议外，联合国经济及社会理事会（ECOSOC）和安全理事会的多项决议也适用于国际人道主义行动。这些决议可以通过以下链接访问 www.un.org/documents/ga/res/46/a46r182.htm。

中的职责。这份决议确立了联合国的多项运作机制，以加强国际人道主义行动的有效性。这些机制包括：中央应急响应基金（CERF）、联合国紧急援助协调员（ERC）、机构间常设委员会（IASC）和协作发出的国际援助呼吁。1991 年，联合国成员国全票通过了 GA46/182 决议。

> 关于国家主权的联合国大会第 46/182 号决议：
> “根据《联合国宪章》，应充分尊重各国的主权、领土完整和国家统一。基于这一前提，提供人道主义援助时应获得受灾国的同意，原则上应根据受灾国的请求提供援助。”

A.1.2　红十字会与红新月会国际联合会（IFRC）国际救灾及灾后初期恢复的国内协助及管理准则（也称为 IDRL 准则）

该准则旨在帮助各国政府制定国家法律和灾害应对计划，与国际灾害法规相协调，促进相关法规的实施。IDRL 准则明确了一系列问题，包括：援助请求和接受国际援助；向国际人道主义人员发放签证和工作许可证；救济物品的清关；纳税；在受灾国内取得法人资格或法律地位。2007 年，在第 30 届红十字与红新月国际大会上，日内瓦公约所有缔约国和国际红十字与红新月运动全票通过了 IDRL 准则，并在随后的多项联合国大会决议中得到认可。

A.1.3　世界海关组织（WCO）关于自然灾害救援中海关作用的决议

该决议强调了海关管理机构开展救灾准备的必要性。这份决议鼓励各国采取措施，加快并促进救援物资的清关工作[1]。这份决议于 2011 年获得世界海关组织成员国的全票通过。

---

1 载于经修订的《京都公约》相关附件 J 第 5 章。

A.1.4 法国、澳大利亚和新西兰协定（FRANZ）

这是法国、澳大利亚和新西兰三国达成的一项协议，旨在根据受灾国家的请求协调太平洋地区的灾害评估和救灾援助，是一项由国防力量支持的民防主导救灾机制。在该机制中，法国、澳大利亚和新西兰三国承诺遵守良好的人道主义捐赠原则，承认并尊重受灾国在应对灾害中的主权和领导作用。

法国、澳大利亚和新西兰协定伙伴关系的领导职能，由 3 个国家各自的外交部承担[1]，联络点是相应受灾国家的高级专员公署或大使馆。这项合作机制建立于 1992 年 12 月 22 日。

A.2 对各国具有约束力的法规

对亚太地区各国救灾准备和应急响应行动具有约束力的法规包括：

（1）东盟灾害管理和应急响应协定（AADMER）。

（2）南亚区域合作联盟自然灾害快速响应机制（NDRRM）。

A.2.1 东盟灾害管理和应急响应协定（AADMER）

这是一个具有法律约束力的地区政策框架，适用于多种灾害，用于东盟 10 个成员国[2]在灾害管理各个方面开展合作、协调、技术援助和资源调动。

东盟灾害管理和应急响应协定提供了一种机制，用于减少灾害对生命、社会、经济和环境资源造成的损失，通过国家间的共同努力和加强地区和国际合作来应

1 法国、澳大利亚和新西兰协定的相关部委，包括法国外交和国际发展部、澳大利亚外交和贸易部以及新西兰外交和贸易部。

2 东南亚国家联盟（ASEAN）成员国包括：文莱、柬埔寨、印度尼西亚、老挝、马来西亚、缅甸、菲律宾、新加坡、泰国和越南。

对紧急情况。东盟灾害管理和应急响应协定于2005年由东盟成员国签署，并于2009年12月生效。

东盟灾害管理和应急响应协定2016—2020年工作计划是一项全面的行动计划，旨在实施涵盖灾害管理领域的8个优先计划，减少灾害损失，共同应对灾害，从而建设一个具有灾后恢复能力的东盟共同体[1]。这项工作计划是一个协作平台，以加强地区一体化，促进以人为本的东盟共同体。

通过地区待命安排的标准行动程序（SASOP），东盟灾害管理和应急响应协定确保东盟成员国能够调动和部署应急资源。这套标准行动程序，用于指导东盟成员国的救灾行动。

东盟灾害管理和应急响应协定救援行动牵头机构，是东盟灾害管理人道主义援助协调中心（AHA Centre），涉及以下方面：

（1）救灾和应急响应的地区待命安排。

（2）军事和民防人员、交通和通信设备、救援设施、救援物资和服务的使用，以及为救灾资源的跨境流动提供便利。

（3）联合救灾和应急行动的协调。

受东盟2013年菲律宾台风海燕灾害应对的启发，东盟各国发布了《东盟关于“同一个东盟，同一个响应：协力应对域内外灾害”的宣言》。这份宣言提高了东盟的灾害响应速度，扩大了响应规模，加强了响应协同。这份宣言确认：东盟灾害管理人道主义援助协调中心，是这一地区灾害管理和应急响应的主要协调机构。东盟灾害管理人道主义援助协调中心的任务，是制定必要的协定、程序和标准以落实宣言内容，包括与东盟其他相关部门和利益相关方的合作。这份宣言于2016年9月6日由东盟各国领导人签署。

1 东南亚国家联盟对灾害管理的定义，与国际社会对减少灾害风险的定义不谋而合。

A.2.2 南亚区域合作联盟（SAARC）自然灾害快速响应机制（NDRRM）

这是一项地区灾害管理协定，旨在加强现有的灾害快速响应机制。根据自然灾害快速响应机制的要求，南亚区域合作联盟成员国[1]应制定相关立法和行政措施，执行协议规定的内容。其中包括请求和接受援助的措施；进行需求评估；调动设备、人员、物资和其他设施；制定地区待命安排，包括应急储备；确保救援物资的质量控制。南亚区域合作联盟成员国于 2011 年签署了《南亚区域合作联盟自然灾害快速响应协议》。这份协议得到所有成员国的批准，并于 2016 年 9 月 9 日生效。

A.3 人道主义行动自愿准则

除了具有约束力和不具有约束力的各项协议之外，还有一套自愿准则，以此管理人道主义救援人员之间以及人道主义救援人员与受灾群体之间的关系。这些准则适用于国际人道主义救援体系的各相关方。

重要的人道主义准则包括：

—（1）联合国机构间常设委员会改革议程议定书。
—（2）世界人道主义峰会（WHS）人类议程。
—（3）国际红十字与红新月运动和非政府组织救灾行动准则。
—（4）环球计划：人道主义宪章和人道主义响应的最低标准（环球计划手册）。
—（5）人道主义质量与责信核心标准（CHS）。
—（6）危机中生殖健康的最低初始服务包（MISP）。
—（7）联合国机构间常设委员会自然灾害人员保护业务准则。

1 南亚区域合作联盟（SAARC）成员国包括：阿富汗、孟加拉国、不丹、印度、马尔代夫、尼泊尔、巴基斯坦和斯里兰卡。

—(8) 境内流离失所问题的指导原则。
—(9) 在救灾中使用外国军事和民防资源的准则（奥斯陆准则）。
—(10) 亚太地区在自然灾害响应行动中使用外国军事资源的指导原则。
—(11) 灾后遗体管理：现场手册。
—(12) 突发环境事件管理指南。
—(13) 灾害废弃物管理指南。
—(14) 联合国机构间常设委员会对受灾群体的责任承诺（CAAP）。
—(15) 联合国机构间常设委员会人道主义行动性别问题手册。
—(16) 联合国机构间常设委员会人道主义环境中性别暴力干预指南。
—(17) 联合国机构间常设委员会关于联合国和非联合国机构防止性剥削和性虐待的原则。
—(18) 基于社区的投诉机制最佳实践指南。

A.3.1 联合国机构间常设委员会改革议程议定书

这是持续改革的产物，旨在加强人道主义行动。在 2005 年和 2006 年，联合国紧急援助协调员（ERC）和机构间常设委员会（IASC）发起了一项人道主义改革进程。

通过更完善的可预测性、责任制、责任落实和伙伴关系，提高人道主义响应的有效性。

人道主义改革进程的一项重大调整，是采用组群方法进行人道主义协调[1]。2006 年，联合国机构间常设委员会发布了关于“使用组群方法加强人道主义响应”的指导说明，阐明了全球和国家层面各职能领域、组群牵头机构的责任，为在新

1 组群方法在第三章“国际协调机制”中进行了更详细的介绍。

的紧急情况下应用组群方法提供了指导，并增强了伙伴关系和互补性。

组群牵头机构的其他职责，在“关于组群 / 职能领域牵头机构和联合国人道主义事务协调办公室（OCHA）在信息管理中的责任的行动指南”（2008）中进行了阐述。这份指南阐明了信息管理在人道主义紧急情况中的作用，提升了信息管理的有效性。该指南还增强了救援人员对紧急情况的理解和决策制定能力，确保信息管理活动能够支持现有的国家信息系统、标准和本地救灾能力。

2011 年，联合国机构间常设委员会负责人，对人道主义行动做了进一步审查，并于 2011 年 12 月通过了“改革议程”，这是一套改进人道主义响应模式的系列措施。协议达成后，多项改革议程议定书获得通过。

这些议定书，为改进人道主义紧急响应的集体行动建立了框架。

这些议定书包括：

（1）关于“授权领导”的概念文件（2014 年 3 月修订）阐明了 3 级（L3）响应最初 3 个月内“授权领导”概念的含义。这份文件详细说明了以下内容：人道主义协调员（HC）在确定优先事项和规划方面的职责；牵头全体组群的协调工作；牵头与国家主管部门和捐助者的接洽和宣传工作；确保应急响应的信息管理和监督；牵头人道主义筹资战略的制定；强化责信制。

（2）人道主义体系紧急状态的启动：定义和程序（2012 年 4 月）详细说明了 3 级响应时应采取的特殊措施，确保有足够的能力和工具，加强人道主义体系的领导和协调。通过这份文件，可以让机构间常设委员会成员组织参与救援，确保将其纳入救援体系，并调动资源支持应急响应。

（3）3 级响应：实践中“授权领导”的具体内容（2012 年 11 月）概述了人道主义协调员在 3 级响应的初始阶段拥有的额外权限，可以在以下关键领域及时做出决策：确定总体优先事项，分配资源、监控绩效和处理绩效不佳的问题。

(4) 国家级组群协调参考模块（2015 年 7 月修订）概述了组群协调的基本要素，可作为现场工作人员促进工作和改善人道主义工作成效的参考指南。

(5) 人道主义计划周期参考模块 2.0 版（2015 年 7 月）定义了国际人道主义救援人员的作用和责任。这份文件还概述了不同情况下救援人员的互动方式，包括彼此互动，以及与国家和地方主管部门、民间社团及受灾群体的互动。相关内容包括：为紧急情况做准备、评估需求、规划、实施和监督应急响应、调动资源，以及对应对措施进行同行评估。

(6) 对受灾群体负责的行动框架（2015 年 3 月）总结了现场层面制定规划的关键概念，确保对受灾群体更加负责。这份文件还有助于救援行动机构确定切实可行的切入点，改进保护受灾群体的责信制。

(7) 机构间快速响应机制（IARRM）概念说明（2013 年 12 月）介绍了以下内容：机构间快速响应机制的宗旨和适用范围，通过这一机制部署的工作人员所需的能力和培训，有关激活这一机制并为其提供资金的方式。

(8) 救灾准备工作共同框架（2013 年 10 月）审视了建立共同框架的理由、框架的运作原则、作为共同框架一部分而采取的行动及其成功指标。

(9) 应急响应准备指南（2015 年 7 月发布的现场试用草案）协助驻地协调员、人道主义协调员和人道主义国家工作队做好救灾准备，利用适当的人道主义援助和保护措施，应对潜在的紧急情况。这份指南是一种工具，用于形成对风险的共识、建立最基本的多种灾害应急准备，以及开展其他行动（包括编制应急预案）。

(10) 多组群初期快速评估（MIRA）指南（2015 年 7 月修订）解释了联合数据收集和共享分析过程的目的，并概述了进行联合需求评估所需的关键步骤，以及相关的作用和责任。

更多信息，请访问以下网址：www.interagencystandingcommittee.org/iasc-transformative-agenda。

A.3.2 世界人道主义峰会（WHS）人类议程

该议程确定了相关自愿承诺，旨在减少人类苦难，并为陷入人道主义危机的群体提供更好援助。世界人道主义峰会于2016年5月在土耳其伊斯坦布尔举行，联合国成员国、国际和地区组织、国家和地方民间社团组织，以及私营部门和学术界，共约9000名代表参会。在世界人道主义峰会召开前的两年里，举行了8次多方利益相关方参加的地区磋商、一次全球磋商和多次利益相关方或特定行业的磋商，这些磋商的结果为制定世界人道主义峰会议程打下了基础。

前联合国秘书长潘基文牵头制定的人类议程，是世界人道主义峰会的一项成果。世界人道主义峰会最后做出了3500多项行动承诺。

更多信息，请访问以下网址：www.agendaforhumanity.org。

世界人道主义峰会的一项重要成果是关于行动效率的“大谈判”。由前联合国秘书长人道主义筹资高级别小组首次提出，作为解决人道主义筹资缺口的一项解决方案。大谈判的目标是让捐助者和机构做出改变，以便更有效地提供援助并投入人力和财力资源，直接造福受灾群体。大谈判包括5个战略优先事项，主要是大谈判总部层面的资金和行政安排，还有5个行动优先事项，反映人道主义机构实施其救援方案的理想方式。这10个优先事项包括：减少捐助者的指定用途，增加多年期的灵活资金，确保提高机构透明度，扩大现金方案，加强本地的救灾工作，以及通过统一的报告要求减少繁文缛节。

世界人道主义峰会的第二个重要成果是新工作方式。通过新工作方式，可以改善人道主义和重建人员、各国政府、非政府组织和私营部门救援人员之间的合作。根据新工作方式，不同的救援人员为集体成果共同努力，可以更有效地减少需求、降低风险和脆弱性。在可能的情况下，通过这些协作努力，可以增强和巩固国家和地方层面现有的救灾能力。

A.3.3　国际红十字与红新月运动（RCRC）和非政府组织（NGO）救灾行动准则

该行动准则是国际红十字与红新月运动和参与救灾的非政府组织自愿遵守的准则。其中确立了缔约机构承诺其在救灾工作中将遵循的 10 条行动准则，描述了相关机构应寻求与受灾社区、捐助国政府、受灾国政府和联合国系统建立的关系。迄今为止，已有 492 个独立组织成为这一行为准则的缔约方。

更多信息，请访问以下网址：www.ifrc.org。

A.3.4　环球计划[1]：人道主义宪章和人道主义响应的最低标准（环球计划手册）

该标准是国际公认的一套共同原则，明确了提供人道主义援助的最低通用标准。通过这些原则，既提高了向受灾群体提供援助的质量，也增强了人道主义救援人员对受灾群体、捐助者和合作伙伴的责任感。环球计划标准指导 4 个主要领域的人道主义行动：①水、环境卫生和个人卫生宣传；②食物保障和营养；③避难所、临时安置点和非食品物资；④医疗卫生行动。还有一系列环球计划配套标准，独立成册发布。

这些标准基于相同的基础，通过相同的咨询过程获得信息，并且采用了与环球计划手册同样严谨的编制要求。

这些配套标准包括：

（1）紧急情况、长期危机和早期重建背景下教育的最低标准（MSEE）、机构间应急教育网络（INEE）[2010]。

---

1 环球计划是一家在瑞士日内瓦注册的非政府组织，是“环球计划项目”的管理方。

(2) 人道主义行动中儿童保护的最低标准（CPMS）、儿童保护联盟 [2012]。
(3) 牲畜应急指南和标准（LEGS）[2014]。
(4) 经济复苏最低标准（MERS）[2017]。
(5) 市场分析最低标准（MISMA）[2017]。
(6) 现金转账学习伙伴关系（CaLP）[2017]。

第四版环球计划手册经过全面修订后，于 2018 年发布。更多信息，请访问以下网址：www.sphereproject.org。

A.3.5 人道主义质量与责信核心标准（CHS）

该标准是全球人道主义相关方协商进程的结果，汇集了现有人道主义标准和承诺的关键要素。标准列出了 9 项承诺，参与人道主义响应的组织和个人可以通过这些承诺来提高所提供援助的质量和有效性，有助于对受灾社区和受灾群体承担更大的责任（图 A–2）。这一标准描述了有原则的、负责任的和高质量的人道主义行动的基本要素。

人道主义组织可以将其内部程序与该标准结合起来，并将其作为验证绩效的依据。

质量与责信核心标准联盟与环球计划组织和救援、重建与发展集团（Groupe URD）[1] 一起开发、推广和维护这一标准及其验证方案。具体而言，人道主义质量与责信核心标准联盟开发工具并开展培训，确保标准的质量和责信度。

1 救援、重建与发展集团（Groupe URD）是一家独立机构，专门从事人道主义和灾后重建各职能领域的实践分析和政策制定。

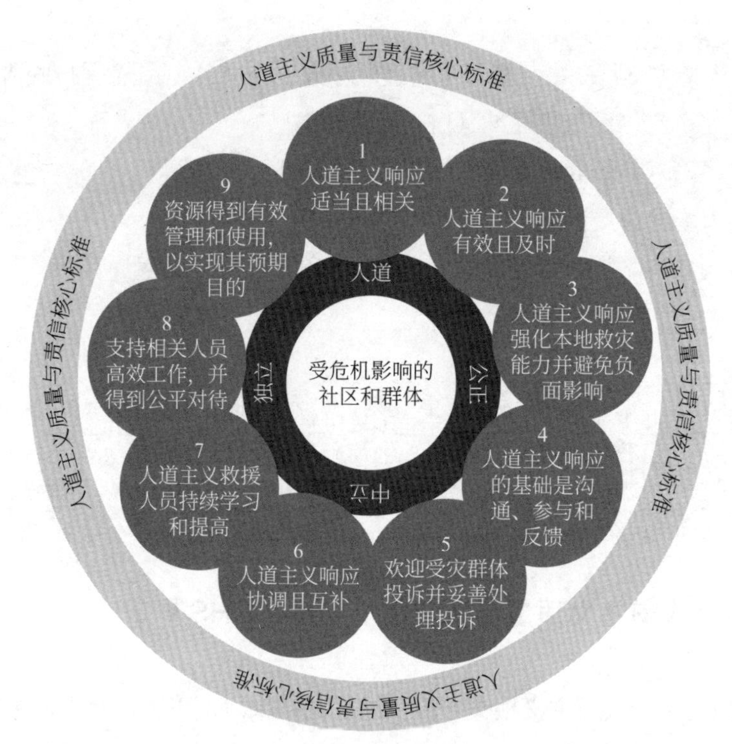

图 A–2　人道主义质量与责信核心标准

更多信息，请访问以下网址：www.chsalliance.org/membership。

A.3.6　危机中生殖健康的最低初始服务包（MISP）

该服务包规定了在每次人道主义危机开始时的关键行动，以应对性健康和生殖健康需求。利用该服务包，可以确定一个具体组织开展相关行动：协调性健康和生殖健康的应对措施；预防性暴力及处理性暴力的影响；减少艾滋病毒传播；预防孕产妇和新生儿的死亡和疾病；促进全面的性保健和生殖保健与初级卫生保健相结合。

这些行动是生殖健康协调工作和规划的基础，为灾害应对和恢复期的其他服务奠定了基础。在整个长期危机和恢复过程中，应通过全面的生殖保健工作来维持和扩大这些服务行动。2010 年，危机中生殖健康机构间工作组（IAWG）与联合国人口基金会和合作伙伴一起，共同制定了危机中生殖健康的最低初始服务包。机构间工作组鼓励人道主义救援人员、政策制定者和捐助者深入了解并负责实施这一重要工具。最低初始服务包目前正在修订中，但目标基本不变，在 2018 年年中推出。

A.3.7 联合国机构间常设委员会自然灾害人员保护业务准则

该准则促进和推动以人权为基础的救灾方法。在这些准则中，特别呼吁人道主义救援人员确保将人权原则纳入所有救灾和恢复工作，充分征求受灾群体的意见，并确保受灾群体能够参与救灾行动的各个阶段。2011 年发布的行动指南，以现有的人权法和人道主义责信标准为基础。

A.3.8 境内流离失所问题的指导原则

该原则确定了被迫流离失所者的权利和保障，包括他们在流离失所期间以及返回原籍或重新安置和重新融入社区期间获得的保护和援助。这些原则由联合国于 1998 年确立。

A.3.9 在救灾中使用外国军事和民防资源的准则（奥斯陆准则）

该准则建立了一个基本框架，以提高国际救灾行动中使用军事和民防资产（MCDA）的效率和有效性。奥斯陆准则还涉及在其他情况下使用军事和民防资产的问题，包括和平时期发生自然灾害、技术故障和突发环境事件等情况。只有在缺乏可替代的民用资源，并且只有当军事和民防资产满足关键的人道主义需求时，才应请求军事和民防资产援助。如果需要军事和民防资产，那么可以参考奥斯陆准则，其中概述了请求和协调军事和民防资产的程序。这些准则于 1994 年发布，并于 2007 年进行了修订。

A.3.10　亚太地区在自然灾害响应行动中使用外国军事资源的指导原则

该指导原则强化了奥斯陆准则的规范，并根据亚太地区独特的军民协调环境对其进行了调整。这些指导原则于 2011 年确立，是亚太地区救灾行动军事援助会议（APC-MADRO）的成果。亚太地区的 16 个国家参与了起草工作。

A.3.11　灾后遗体管理：现场手册

这是一份技术指南，概述了灾后遗体妥善和具有尊严的管理方式，由红十字国际委员会（ICRC）、红十字会与红新月会国际联合会、泛美卫生组织（PAHO）和世界卫生组织联合编制，于 2006 年首次发布，2016 年修订。修订后的手册涵盖了一系列具体任务，包括传染病风险管理、尸体回收、存放、鉴定和处置。现场手册还包括尸体鉴定和存放表格，以及其他有用的资源。

A.3.12　突发环境事件管理指南

该指南重点关注地区和国际机构及框架的作用和责任，旨在应对大规模、突发性灾害和复杂紧急情况以及工业事故中的环境影响。这份指南由联合国环境署和联合国人道主义事务协调办公室联合编制，最初于 2009 年发布，2017 年修订。

A.3.13　灾害废弃物管理指南

该指南为受灾国主管部门和国际救灾专家提供了合理、切实可行的建议，帮助他们管理灾害废弃物。灾害废弃物是公认的对健康、安全和环境的威胁，也可能成为灾后救援行动的主要障碍。指南侧重于较严重的情况：灾害或冲突产生的废弃物数量巨大和成分特殊，导致当地和地区废弃物管理系统无法应对。指南提供了一些建议和工具，帮助克服这些挑战，并在紧急情况和早期恢复阶段成功管理灾害废弃物。2011 年，由瑞典民事应急署（MSB）和联合国环境署或人道主义事务协调办公室联合环境小组（JEU）共同编制。

A.3.14　联合国机构间常设委员会对受灾群体的责任承诺（CAAP）

该责任承诺由机构间常设委员会（IASC）负责人批准通过，于 2017 年修订，将 4 项承诺定义为社区参与救灾框架的关键环节。这些环节包括：①领导力；②参与和伙伴关系；③信息、反馈和行动；④结果。这些承诺反映了人道主义质量与责信核心标准（CHS）等的基本进展，以及机构间常设委员会在机构间社区投诉机制方面所做的工作，包括防止性剥削和性虐待（PSEA）。

这些承诺还反映了与当地利益相关方进行有意义合作的重要性。这种合作是 2016 年世界人道主义峰会和大谈判的优先建议。

A.3.15　联合国机构间常设委员会人道主义行动性别问题手册

该手册确定了从紧急情况伊始就处理性别问题的标准，确保人道主义服务能够惠及目标受众并发挥最大作用。这份手册于 2006 年发布。

A.3.16　联合国机构间常设委员会人道主义环境中性别暴力干预指南

该指南确保各国政府、人道主义组织和社区能够建立和协调一套最低限度的多部门干预措施，预防和应对紧急情况早期性别暴力问题。这份指南由联合国机构间常设委员会于 2005 年发布。

A.3.17　联合国机构间常设委员会关于联合国和非联合国机构防止性剥削和性虐待的原则

该原则是秘书长公报“防止性剥削和性虐待的特别措施”（ST/SGB/2003/13）中概述的 6 项原则。这些原则对联合国工作人员和相关人员具有约束力。

A.3.18　基于社区的投诉机制最佳实践指南

该指南反映了国际人道主义体系在过去十年中的相关工作，旨在建立明确的指导方针和全球标准行动程序，加强对人道主义工作人员性剥削和性虐待指控的应对。

在最佳实践指南中，汇编了在刚果民主共和国和埃塞俄比亚试点项目的经验教训，并提供了相关说明，包括建立和运作机构间社区投诉机制的方式，处理人道主义援助工作人员虐待行为报告，并为受害者提供援助。这份指南于 2016 年得到联合国机构间常设委员会负责人的批准。

章木注释：

B 人道主义机构

如果受灾国政府请求或接受外部援助，可能会要求各种国际人道主义机构支持救灾响应和救灾准备工作，包括联合国、国际红十字与红新月运动、地区政府间机构、非政府组织、援助国政府、外国军队和私营部门[1]。以下是对这些不同类别的国际人道主义机构的简要介绍。

本章内容说明

— 人道主义机构的每个类别和子类别，都进行了简短描述，包括机构的性质、作用及其与政府合作的方式。

B.1 联合国

联合国基金、计划和专门机构（联合国机构）的成员、领导体系和预算流程独立于联合国秘书处，但他们致力于通过既定的联合国协调机制进行合作，并通过各自的管理机构向联合国成员国报告。联合国的大多数机构，也与成员国建立了以发展为重点的伙伴关系，在灾害发生之前、期间和之后，提供针对特定职能领域的支持和专业知识。担负人道主义使命的主要联合国机构包括：联合国粮食及农业组织（FAO）、国际移民组织（IOM）、联合国开发计划署（UNDP）、联合国人口基金会（UNFPA）、联合国难民事务高级专员公署（UNHCR）、联合国人居署、联合国儿童基金会（UNICEF）、联合国妇女署、世界粮食计划署（WFP）和世界卫生组织（WHO）。这些机构为各种救灾需求提供支持，包括临时安置场所、受灾群体保护、粮食安全、医疗卫生、营养、教育和生计，以及协调、后勤和通信等基本服务。

1 由于指南范围仅限于救灾响应和救灾准备，因此无法全面描述涉及减轻灾害和减少风险工作的重要地区和国际政府间组织的情况。值得一提的组织有3个，包括联合国国际减灾战略（UNISDR）署、亚洲减灾中心（ADRC）和世界银行的全球减灾与灾后恢复基金（GFDRR）。

联合国人道主义事务协调办公室是联合国秘书处下属的一个部门，负责在全球层面支持联合国紧急援助协调员（ERC），并在国家层面支持联合国驻地协调员（UNRC）或人道主义协调员[1]。

联合国机构与各国政府合作的方式

——在国家层面，联合国系统与国家灾害管理组织（NDMO）以及相关政府职能部委合作，开展救灾准备和救灾响应工作。

B.2　国际红十字与红新月运动

国际红十字与红新月运动（RCRC）是世界上最大的人道主义网络，由来自190个国家红会的近1亿名成员、志愿者和支持者组成。

在结构上，国际红十字与红新月运动具有3个核心组成部分：

—（1）国家红十字会和红新月会。

—（2）红十字会与红新月会国际联合会（IFRC）。

—（3）红十字国际委员会（ICRC）。

这些组织在全球范围内联合开展工作。他们的使命是防止和减轻世界各地可能存在的人类苦难，保护弱势群体的生命和健康，特别是在武装冲突和其他紧急情况下，确保人类尊严不受侵犯。国际红十字与红新月运动开展工作所遵循的基本原则包括：人道、公正、中立、独立、志愿服务、统一和普适。

B.2.1　国家红十字会与红新月会（国家红会）

各国红会，作为所在国公共主管部门的辅助机构，具有独特的地位。国家红

1 联合国紧急援助协调员、联合国驻地协调员、人道主义协调员和联合国人道主义事务协调办公室的职能，详见第四章“国际协调机制”。

会开展救灾，支持医疗卫生和社会福利项目，推广国际人道主义法和人道主义价值观。

各国红会与各国政府合作的方式

——灾害发生时，国家红会与国家和地方公共主管部门合作。在亚太地区，国家红会通常是第一联络点，国家政府借此请求红十字会与红新月会国际联合会（在自然灾害情况下）和红十字国际委员会（在武装冲突情况下）提供更多援助。国家红会不是非政府组织，因此与其他注册的非政府组织相比，国家红会与政府和公共主管部门有着不同的关系。

B.2.2 红十字会与红新月会国际联合会（IFRC）

该联合会支持国家红会，协调和指导自然灾害援助，并与国家红会一起开展救灾准备、救灾响应和灾后重建工作。其中涉及救灾准备、紧急医疗、灾害法、水和环境卫生以及人道主义外交。

红十字会与红新月会国际联合会与各国政府合作的方式

——通过国家红会，红十字会与红新月会国际联合会直接和与各国政府沟通。救灾过程中，在制定危机管理政策和规划救灾方案时，红十字会与红新月会国际联合会发挥着领导作用，促进红会组织的协调与合作，制定紧急行动计划，进行资源调动工作，支持救灾行动。

在亚太地区，红十字会与红新月会国际联合会设有 10 个办事处，由马来西亚吉隆坡的办事处领导，支持 38 个国家红十字会和红新月会的人道主义工作，每年应对全球 40% 以上的灾害和公共卫生紧急情况。

B.2.3 红十字国际委员会（ICRC）

这是一个公正、中立和独立的组织，职责是保护战争和其他武装冲突局势中受害者的生命和尊严。在武装冲突期间，红十字国际委员会负责指导和协调红十字与红新月运动的国际救援工作。红十字国际委员会宣传国际人道法（IHL），让更多的人关注普遍的人道原则。红十字国际委员会已获得联合国大会观察员地位。其总部位于瑞士日内瓦，在整个亚洲和太平洋地区设有国家级和地区级办事处。

红十字国际委员会与各国政府合作的方式

——根据 1949 年日内瓦公约的授权，红十字国际委员会直接与各国政府进行接洽。在武装冲突和其他暴力事件中，红十字国际委员会可以协调国际红十字与红新月运动其他相关机构的活动。

B.3 地区组织和政府间论坛

在亚太地区，有许多政府间组织向成员国和参与国提供人道主义工具和服务。以下介绍一些积极参与救灾准备和救灾响应的地区政府间组织和合作论坛（图 B–1）：

（1）东南亚国家联盟（ASEAN）。
（2）东盟地区论坛（ARF）。
（3）东亚峰会（EAS）。
（4）南亚区域合作联盟（SAARC）。
（5）太平洋岛国论坛（PIF）。
（6）太平洋共同体（PC）。
（7）亚太经合组织（APEC）。

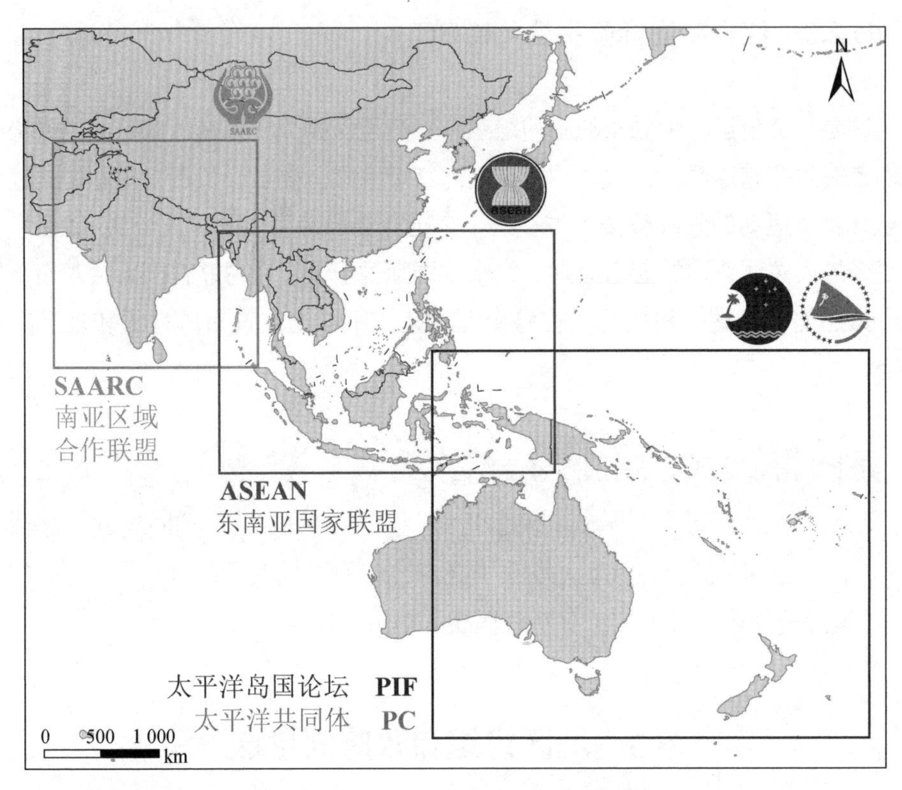

东南亚国家联盟（ASEAN）
成员国包括：文莱、柬埔寨、印度尼西亚、老挝、马来西亚、缅甸、菲律宾、新加坡、泰国和越南。

太平洋岛国论坛（PIF）
成员包括：澳大利亚、库克群岛、密克罗尼西亚联邦、斐济、基里巴斯、瑙鲁、新西兰、纽埃、帕劳、巴布亚新几内亚、马绍尔群岛共和国、萨摩亚、所罗门群岛、汤加、图瓦卢、瓦努阿图、法属波利尼西亚和法属新喀里多尼亚。

东亚峰会（EAS）
成员国包括：澳大利亚、文莱达鲁萨兰国、柬埔寨、中国、印度、印度尼西亚、日本、老挝、马来西亚、缅甸、新西兰、菲律宾、俄罗斯、新加坡、韩国、泰国、美国和越南。

南亚区域合作联盟（SAARC）
成员国包括：阿富汗、孟加拉国、不丹、印度、马尔代夫、尼泊尔、巴基斯坦和斯里兰卡。

太平洋共同体（PC）
成员包括：太平洋岛国论坛国家及美属萨摩亚、法属波利尼西亚、关岛、新喀里多尼亚、北马里亚纳群岛、皮特凯恩群岛、托克劳、瓦利斯群岛和富图纳群岛的领土，以及法国和美国。

亚太经合组织（APEC）
成员包括：澳大利亚、文莱、加拿大、印度尼西亚、日本、韩国、马来西亚、新西兰、菲律宾、新加坡、泰国、美国、中国、中国台北、中国香港、墨西哥、巴布亚新几内亚、智利、秘鲁、俄罗斯和越南。

图 B-1　亚太地区组织和政府间论坛情况

B.3.1　东南亚国家联盟（ASEAN）

该组织于 1967 年在印度尼西亚、马来西亚、菲律宾、新加坡和泰国签署东盟宣言后正式成立。

该组织旨在确保经济、社会、文化、技术和教育方面的地区合作，通过尊重司法制度和法治原则以及遵守《联合国宪章》的基本原则，促进地区和平与稳定。自 21 世纪初期以来，东盟加大了对灾害管理的关注和投入。

由于许多成员国都是自然灾害频发的国家，具有多种灾害应对经验，例如 2004 年印度洋地震和海啸灾害，以及 2008 年缅甸纳尔吉斯飓风灾害。2005 年 7 月签署的东盟灾害管理和应急响应协定（AADMER），是这一地区第一个具有法律约束力的地区框架。

2015 年底，东盟制定了 2025 年东盟愿景和相应的 2025 年东盟灾害管理愿景。这些文件涉及和平与安全、经济和社会文化等问题，为东盟的发展设定了雄心勃勃的目标。通过这些文件，将东盟及其成员国的承诺与 2030 年可持续发展议程、仙台减少灾害风险框架等国际框架结合起来。

因此，这些文件也体现了巴黎气候变化行动协定和世界人道主义峰会的精神。在 2016 年峰会之后，东盟还通过了“同一个东盟，同一个响应：协力应对域外灾害”的宣言，其中指出，到 2020 年，东盟应该能够“酌情与地区和国际机构和中心合作，应对域外灾害”。

东盟秘书处（ASEC）由东盟各国外交部长于 1976 年组建，旨在倡导、促进和协调东盟利益相关方的合作，实现《东盟宪章》所反映的东盟宗旨和原则。这一机构的主要作用是确保提高东盟各机构的协调效率，以便有效地实施东盟各种灾害应对项目和活动。在东盟秘书处内，设立了灾害管理和人道主义援助部（DMHA），充当东盟灾害管理和应急响应协定秘书处，促进和监督这项协定及其工作计划的实施和进展。灾害管理和人道主义援助部与东盟相关机构密切合作，特别是东盟灾害管理委员会（ACDM），以及东盟灾害管理人道主义援助协调中心、东盟对话伙伴、联合国、民间社团伙伴、国际红十字与红新月运动、私营部门、学术界和其他机构。东盟秘书处设在印度尼西亚雅加达。

东南亚国家联盟与各国政府合作的方式

——作为灾害管理的主要地区协调机构，东盟灾害管理人道主义援助协调中心是东盟成员国在发生灾害时的第一联络点。在发生大规模灾害或流行病时，东盟灾害管理人道主义援助协调中心的执行主任将担任东盟人道主义援助协调员的角色，与东盟秘书长进行协调。

B.3.2　东盟地区论坛（ARF）

其成员不仅仅局限于10个东盟成员国，共包括27个参与国[1]，这是一个旨在促进建设性对话和协商的平台，针对共同关心的政治和安全问题（包括灾害管理）开展合作。东盟地区论坛所有倡议和活动都遵循共同主持制，即每项倡议或活动由至少一个东盟成员国和至少一个非东盟的地区论坛成员共同主持。

东盟地区论坛与各国政府合作的方式

——东盟地区论坛通过召开各种年度会议，形成一个对话平台。其中最高级别的会议是外交部长级会议，每年与东盟外长会议和东盟与对话伙伴国会议（PMC）一起举行。

B.3.3　东亚峰会（EAS）

这是一个地区性论坛，就共同关注和关心的各种战略、政治和经济问题进行对话。参加会议的包括东盟10个成员国以及澳大利亚、中国、日本、印度、韩国、新西兰、俄罗斯联邦和美国的领导人。灾害响应和人道主义援助，是东亚峰会议程涵盖的各类地区问题之一。

---

1 这一论坛还有助于该地区建立信任措施和预防性外交。除东盟10个成员国外，目前的成员包括澳大利亚、孟加拉国、加拿大、中国、朝鲜、欧盟、印度、日本、韩国、蒙古、新西兰、巴基斯坦、巴布亚新几内亚、俄罗斯、斯里兰卡、东帝汶和美国。

东亚峰会与各国政府合作的方式

——作为一个政府间论坛，东亚峰会是每年在东盟领导人年度会议之后举行的国家元首级会议，但没有常设秘书处。

——东亚峰会成员可以代表论坛实施商定的倡议举措，例如东亚峰会快速灾害响应工具包，由澳大利亚应急管理机构和印度尼西亚国家灾害管理局（BNPB）与 18 个东亚峰会参与国的国家灾害管理组织合作开发，并与东盟灾害管理委员会进行了协商。

B.3.4　南亚区域合作联盟（SAARC）

该联盟成立于 1985 年，由阿富汗、孟加拉国、不丹、印度、马尔代夫、尼泊尔、巴基斯坦和斯里兰卡 8 个成员国组成。南亚区域合作联盟宪章规定，目标包括：促进南亚人民的福祉并提高其生活质量；加快地区经济增长、社会进步和文化发展；促进和加强联盟内的自力更生；促进经济、社会、文化、科技等领域的积极合作与互助。南亚区域合作联盟已确定的合作领域包括：环境、自然灾害和生物技术。2011 年 11 月签署了南盟人道主义架构，包括南盟灾害管理中心（SDMC）和南盟自然灾害快速反应协议。

B.3.5　太平洋岛国论坛（PIF）

这是一个国际组织，由太平洋地区的 18 个成员国通过签署条约而建立[1]。太平洋岛国论坛的任务是提供政策建议，刺激经济增长，加强这一地区的国家治理和安全。此外，通过协调、监督和评估领导人决策的执行情况，加强地区合作和一体化。太平洋岛国论坛秘书处设在斐济苏瓦。

---

1 太平洋岛国论坛的成员包括：澳大利亚、库克群岛、密克罗尼西亚联邦、斐济、基里巴斯、瑙鲁、新西兰、纽埃、帕劳、巴布亚新几内亚、马绍尔群岛、萨摩亚、所罗门群岛、汤加、图瓦卢、瓦努阿图、法属波利尼西亚和法属新喀里多尼亚。除了太平洋共同体和太平洋岛国论坛这两个机构之外，太平洋岛国还通过太平洋地区环境规划组织（SPREP）的秘书处进行联络，这一组织主要关注气候变化和资源可持续性。

太平洋岛国论坛与各国政府合作的方式

——太平洋岛国论坛每年举行一次政府首脑级会议，随后与主要政府合作伙伴举行论坛后对话。讨论内容包括救灾响应和救灾准备。

B.3.6 太平洋共同体（PC，原名南太平洋委员会 SPC）

通过应对气候脆弱性和自然灾害带来的风险，支持 22 个太平洋岛屿国家和地区。太平洋共同体[1]涉及与地球有关的所有科学领域，包括地质、物理、化学和生物过程。太平洋共同体在 3 个技术规划领域开展工作：海洋和岛屿；水和环境卫生；减灾。太平洋共同体的总部设在新喀里多尼亚努美阿。

太平洋共同体与各国政府合作的方式

——虽然不参与救灾响应，但太平洋共同体为成员国提供基本地质信息，提高灾害响应准备能力。

B.3.7 亚太经合组织（APEC）

这是环太平洋 21 个经济体的论坛，旨在促进自由贸易和经济合作。亚太经合组织应急准备工作组（EPWG），负责协调和促进亚太经合组织内部的应急和救灾准备工作。应急准备工作组的重点是加强 21 个成员经济体之间的能力建设、信息交流、知识共享和协作，降低灾害风险并增强企业和社区的灾后恢复能力。2015 年，亚太经合组织领导人通过了亚太经合组织降低灾害风险框架，解决因亚太地区持续灾害而引起的担忧。

---

1 太平洋共同体成员包括：美国、英国、法国、澳大利亚、新西兰、汤加、萨摩亚、斐济、巴布亚新几内亚、基里巴斯、瓦努阿图、密克罗尼西亚联邦、帕劳、库克群岛、所罗门群岛、瑙鲁、图瓦卢、马绍尔群岛、美属萨摩亚、关岛、法属波利尼西亚、新喀里多尼亚、瓦利斯和富图纳群岛、纽埃、托克劳、皮特凯恩群岛、北马里亚纳群岛。

亚太经合组织与各国政府合作的方式

——亚太经合组织应急准备工作组，由两个成员经济体共同主持，任期两年，每年召开 3 次会议，其中一次与国家灾害管理组织负责人一起举行会议。根据需要，还举办其他的研讨会。

案例研究 1 国际组织和地区组织之间的相互协作

2015 年，联合国大会呼吁制定体现联合国与地区组织比较优势的框架，从而加强联合国与地区组织和次地区组织的合作。联合国大会还呼吁制定国际组织和地区组织相互依存的制度，并体现到相关政策中。

地区组织日益积极地参与人道主义行动，努力调动组织成员支持受灾成员国的政府。在这方面，运作得最好的一个地区组织是东盟。

自 2011 年以来，通过东盟 – 联合国灾害管理联合战略行动计划（JSPADM），东盟和联合国详细阐述了双方在灾害管理方面的合作。这一计划概述了东盟和联合国下属组织和机构的共同战略意图和承诺，并以东盟纳入其东盟灾害管理和应急响应协定工作计划的战略和优先事项为指导。当前的东盟 – 联合国灾害管理联合战略行动计划执行年份为 2016—2020 年，是根据东盟灾害管理和应急响应协定工作计划（2016—2020）中包含的 8 个优先计划进行组织的。

在东盟 – 联合国灾害管理联合战略行动计划指导下，东盟 – 联合国相互配合的一个实际案例：东盟和联合国人道主义事务协调办公室在应急响应协调方面开展的工作。在战略层面，联合国人道主义事务协调办公室和东盟明确了人道主义宣传、协调、规划和筹资方面的共同承诺，通过制定协作指南并签署协议形成相关的文件，详细说明了东盟秘书长在担任东盟人道主义援助协调员（AHAC）时的工作方式，联合国紧急援助协调员及其办公室人员在重大灾害响应期间以及平时所进行的合作。

在行动层面，联合国人道主义事务协调办公室和东盟灾害管理人道主义援助协调中心还相互配合，致力于加强可部署的国际和地区响应机制，例如联合国灾害评估与协调队及（东盟）应急响应和评估队，以及他们建立和支持的协调平台、现场行动协调中心和东盟联合行动协调中心。因此，联合国灾害评估与协调队及（东盟）应急响应和评估队，定期联合参加模拟演练和培训，测试双方在协调、评估、信息共享和应急响应规划方面的协作能力。

基于这项实践经验，联合国人道主义事务协调办公室和东盟灾害管理人道主义援助协调中心为联合国灾害评估与协调队及（东盟）应急响应和评估队系统开发了一套标准行动程序（SOP），用于培训团队成员并指导他们在响应期间的相互合作。

B.4 非政府组织

非政府组织除了与政府建立了独立关系外，也会按照全球、地区和国家或以下等不同层级组建网络和联盟。民间社团救援机构可分为国家级和社区级非政府组织（NGO）与国际非政府组织（INGO）两类。

B.4.1 国家级和社区级非政府组织

该机构是在某国境内运作的民间社团组织。这些非政府组织通常与联合国机构和其他国际非政府组织合作，支持社区和所在国政府的救灾准备和应急响应行动。

这些组织一般拥有强大的社区网络，对于帮助受灾社区至关重要。国家级非政府组织在本国政府主管部门正式注册为国家组织，可以是非宗教团体，也可以是宗教团体。

B.4.2　国际非政府组织

该机构也开展救灾准备和应急响应工作，包括独立开展人道主义援助工作的人道主义组织以及多重授权组织。从年度开支来看，最大的国际非政府组织通常设立在北美和欧洲，并在亚太地区和世界其他地区设有地区和国家办事处[1]。也有越来越多的非政府组织设立在亚太地区，开展具有国际影响力的项目。

国际非政府组织从捐助国政府、私人基金会和企业接受常规资助。但现在，这些组织越来越多的资源来自其所在国及开展业务国的民众。与国家级非政府组织一样，国际非政府组织可以是非宗教团体，也可以是宗教团体。

非政府组织与各国政府合作的方式

——国家和国际非政府组织通常自发组成联盟，与政府系统的机构建立联系。许多非政府组织还直接与地方政府建立联系，而对于较大规模的非政府组织，则直接与国家政府建立联系。在大多数国家，有许多国家级非政府组织联盟，但并不能全面代表非政府组织。这些组织在特定职能领域与政府部门建立联系。

——如果在某个国家设立国际非政府组织，那么需要向所在国政府主管部门进行正式注册，并与国家灾害管理组织和主管人道主义和灾后重建的职能部委达成具体谅解备忘录，以此为指导开展工作。

——许多国际非政府组织在各国开展持续的备灾、减少灾害风险（DRR）或社会经济发展工作，这有助于这些组织在人道主义危机期间迅速做出响应。部分国家设立了国际非政府组织论坛，这是国际协调机构和国家协调机构建立关系的主要方式。

1 根据人道主义行动责信和绩效动态学习网络（ALNAP）的数据，按 2015 年人道主义项目支出衡量，5 个最大的国际非政府组织是无国界医生组织、国际救援委员会、国际乐施会、国际拯救儿童联盟和世界宣明会。

案例研究 2　非政府组织在地区和全球层面的集体行动

在地区和国际层面，非政府组织联盟至关重要，可以确保非政府组织积极参与人道主义事务，集体发表意见。

在亚洲和太平洋地区，来自 20 个国家和地区的 53 个国家级非政府组织参加了一个名为亚洲减灾和救灾响应网络（ADRRN）的地区组织联盟。这一网络旨在促进非政府组织和其他利益相关方之间的协调和信息共享，实现有效的减灾和救灾响应。凭借在该地区的强大影响力，网络成员不断与当地社区互动，从而实现以下目标：加强当地社区的抗灾能力；提供人道主义援助，如食物、水、临时安置场所和医疗保健；保护学校和医院等关键设施；提高防灾意识；呼吁完善政策并提高社区组织的能力。

南亚人道主义要务协作组织（SATHI）由来自南亚区域合作联盟国家的 8 个国家级非政府组织网络组成。这一地区合作倡议提供了一个平台，旨在促进民间社团交流、学习和知识共享、协作宣传以及技术或行动能力共享。

东盟灾害管理和应急响应协定伙伴关系小组（APG）是东盟地区的非政府组织网络。该网络目前由 6 个国际非政府组织组成，由一个地区性非政府组织（马来西亚医疗救助协会）主持工作。目前，东盟灾害管理和应急响应协定伙伴关系小组正在扩大其成员范围，包括更多的地区非政府组织和国家非政府组织联盟，目标是在 2018 年中期覆盖超过 50% 的地区成员。

亚洲备灾伙伴关系（APP）是一个地区平台，汇集了来自 6 个国家的非政府组织联盟、国家灾害管理组织和私营部门代表，在备灾活动中相互支持。亚洲备灾伙伴关系组织的秘书处设立在亚洲备灾中心。

国际志愿机构理事会（ICVA）是一个由110多个国家、地区和国际非政府组织组成的全球网络。国际志愿机构理事会的使命是支持非政府组织的工作，影响相关政策和救灾行动，确保人道主义行动更具原则性和有效性。国际志愿机构理事会总部位于瑞士日内瓦，在非洲、中东和亚洲建立了地区中心，以更好地支持地区和国家层面的非政府组织。

InterAction是一个由180多个国际非政府组织和合作伙伴组成的联盟，致力于消除极端贫困，提高备灾救灾能力，加强人权和公民参与，维护全球的可持续发展，促进和平并确保人人享有尊严。

人道主义响应指导委员会（SCHR）是由9个世界领先的国际非政府组织自愿组成的联盟，帮助提升人道主义行动的质量，建立责信制并促进相关学习。

START网络由42个国家和国际援助机构组成，通过一系列创新援助计划和开发创新形式的援助资金，旨在改善人道主义系统。

NEAR网络是一个新成立的全球网络，由地方组织和国家组织组成，目标是确保人道主义行动由地方主导，并且向有需要的人提供更高效和有益的援助。

B.5 援助国政府

援助（捐助）国政府是灾害响应的核心力量。通过对受灾国家的双边援助，各国政府可以直接提供帮助，包括通过调动军事和民防资产提供实物援助。通过联合国机构、地区组织、国际红十字与红新月运动和非政府组织等多边机构，援助国政府还可以提供资金。某些国家政府，经常响应亚太地区及欧洲和美洲受灾国的需求（图B–2）。

援助国政府与受灾国政府合作的方式

——许多援助国政府都建立了援助合作机构，通常隶属于所在国的外交部，援助合作的日常管理，由驻受灾国的大使馆负责。

2017 年孟加拉国主要捐助者①②	金额 / 美元
美国	115952000
英国	65898000
瑞典	26324000
欧盟*	25341000
中央应急响应基金	24165000

2016 年斐济主要捐助者③	金额 / 美元
澳大利亚	22322000
中央应急响应基金	8022000
美国	3728000
新西兰	3075000
欧盟*	1122000

2015 年尼泊尔主要捐助者④	金额 / 美元
美国	71181000
挪威	33385000
英国	30359000
欧盟*	25914000
中国	22584000

2014 年菲律宾主要捐助者③⑤	金额 / 美元
澳大利亚	22322000
中央应急响应基金	8022000
美国	3728000
新西兰	3075000
欧盟*	1122000

2013 年阿富汗主要捐助者⑤	金额 / 美元
美国	97047000
日本	77122000
丹麦	45891000
欧盟*	41024000
加拿大	39040000

① 难民危机
② 洪水
③ 台风 / 飓风
④ 地震
⑤ 冲突

注：* 欧盟委员会人道主义援助和公民保护部。　　数据来源：FTS（2018 年 2 月）

图 B-2　2013—2017 年间向遭受重大灾害的亚太地区国家提供援助的主要捐助者

B.6　外国军事资源

发生大规模自然灾害后，当受灾国请求、欢迎或接受国际援助时，外国军事资源越来越多地参与到救灾响应行动中。根据双边协议，例如部队地位协议（SOFA）或政府间多边协议，外国军事资源可以部署在另一个主权国家。

就人道主义体系本身而言，必须确定一项基本战略，采取连贯一致的方式与

军事救援人员互动，并利用外国或本国军事资源来支持人道主义响应行动。

联合国人道主义事务协调办公室和专门的联合国人道主义军民协调（UN-CMCoord）人员制定了联合国军民协调战略。这一战略概述了相应的协调机制和联络安排，必要时可联系国内或外国军事救援人员，包括与所有人道主义救援人员和协调机构建立联系，以及在所有相关组织内配备相应人员并进行培训。

外国军事资源支持受灾国政府的方式

——人道主义组织对外国军事资源的大多数请求，都是间接援助和基础设施支援，包括工程、运输和空运能力支援。只有在受灾国家提出请求或同意的情况下，才能部署外国军事资源，应免费提供外国军事资源援助。

——只有在能够满足关键的人道主义需求，并且没有其他民防替代资源时，才请求外国军事资源，也就是说，外国军事资源在能力和可用性方面应发挥独特的作用。根据灾情和相应的联合国军民协调战略，应在救灾行动中尽早建立使用外国军事资源的专门援助请求（RFA）流程。

B.7 私营部门

私营部门是受人道主义危机影响的当地社区的基本组成部分，长期以来一直开展人道主义救灾准备、救灾响应和灾后恢复工作。在人道主义危机发生之前和危机发生过程中，私营部门救援人员就在现场，他们是社会上第一批做出应急响应的人员。小型和大型私营部门救援人员，无论是直接在人道主义环境中开展救援行动，还是通过供应链间接开展救援行动，都可以提供相应的专业技能、资源、渠道和影响力，满足各种人道主义需求，为长期可持续的和平与发展作出积极贡献。

私营部门可以独立开展救援工作，直接与受人道主义危机影响的群体合作，并与地方、地区和国际层面的人道主义组织合作。

连接业务倡议（CBi）是一项由私营部门主导的多利益相关方倡议，旨在改变私营部门在人道主义危机之前、期间和之后的援助参与方式。在联合国人道主义事务协调办公室和联合国开发计划署（UNDP）的领导下，连接业务倡议支持私营部门网络，在减少灾害风险、救灾准备、救灾响应和灾后恢复方面采取协调行动，加强当地社区的抗灾能力。通过连接业务倡议网络，私营部门机构相互联系，为国家级救灾机构提供支持。这种集体行动显示出显著的优势，在以下方面帮助私营部门的公司：

（1）通过将减少灾害风险的措施纳入投资和业务流程，保护公司业务和价值链免受冲击。

（2）利用一个统一的协调渠道，而不作为单独的机构开展行动，从而简化公司参与救灾的流程。

（3）利用与国家灾害管理规划、政策和进程的关联，确定伙伴关系的行动机会。

（4）集中资源以产生更大的影响，并降低运作成本。

（5）获取相关信息，帮助公司在紧急情况下发布警报，接收建议并连接到支持网络，从而利用连接业务倡议全球合作伙伴和连接业务倡议成员网络。

（6）通过私营部门的集体发声，推动政策和法规的改善。

2018年初，连接业务倡议支持了亚太地区的斐济、缅甸、菲律宾、斯里兰卡和瓦努阿图5个国家级人道主义组织，以及太平洋地区的一个地区级人道主义组织（图B–3）。

更多信息，请访问以下网址：www.connectingbusiness.org。

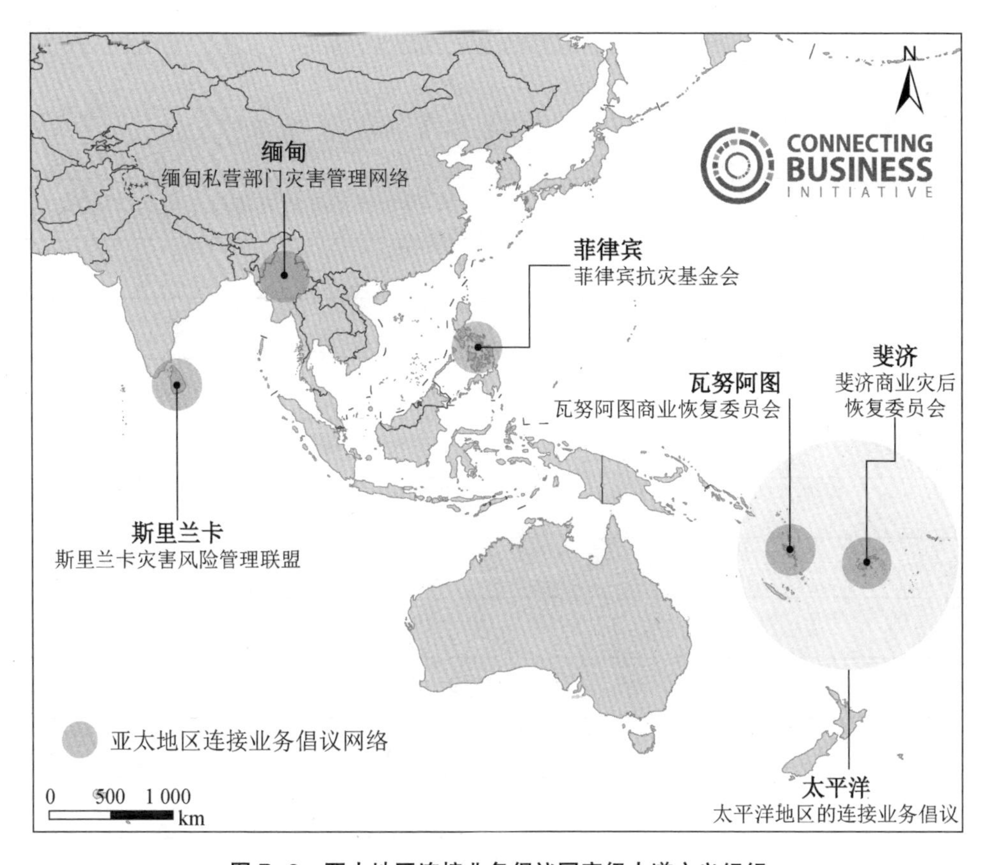

图 B–3　亚太地区连接业务倡议国家级人道主义组织

私营部门与各国政府合作的方式

——希望提供援助的私营部门公司，可以联系政府，政府应根据自身情况审查援助提议。私营部门援助的方式多种多样，通过国家级或地方级商会（或类似机构）或连接业务倡议网络（如果存在），可以方便地接触到各类有意参与救灾的公司。

——私营部门对救灾的大部分支持都是独立实施的。尽管私营部门自己与社区建立了联系，但应该像其他人道主义利益相关方一样，与各国政府一起协调救灾行动，并遵循国家应急响应计划和战略。

章末注释：

C 国际协调机制

有效的灾害应对，取决于在全球、地区和国家层面的充分协调。如上所述，联合国已经建立了一些相互依存的协调机构，旨在促进人道主义利益相关方、政府和其他合作伙伴之间的互动，推动向受灾群体提供一致且符合原则的援助。

《指南》的这一部分描述了主要国际协调框架的结构和运作协议，详细说明了组成机构在救灾响应和救灾准备阶段的运作方式。本指南还提供了其他相关信息，包括这些协调机构相互关联的方式，及其与政府合作的方式。图 C–1 显示了全球、地区和国家层面的人道主义网络以及现有的联络机制。具体来说，这些机制包括：

(1) 全球层面的机制：联合国紧急援助协调员（ERC）、机构间常设委员会（IASC）。

(2) 地区层面的机制：机构间常设委员会亚太地区网络（IASC RN）、人道主义军民协调区域协商小组(RCG)、太平洋人道主义工作队(PHT)、东盟灾害管理委员会（ACDM）。

(3) 国家层面的机制：联合国驻地协调员 / 人道主义协调员（RC/HC）、人道主义国家工作队（HCT）。

(4) 救援协调机制：组群方法、联合国人道主义军民协调（UN-CMCoord）、联合国人道主义事务协调办公室（OCHA）、东盟灾害管理人道主义援助协调中心（AHA Centre）、南盟灾害管理中心（SDMC）。

政府主导的协调框架因国家而异，通常在国家灾害管理框架或立法中有相应的规定。本指南中并未列出此类国家协调框架的相关内容。

C.1　全球层面的机制

C.1.1　联合国紧急援助协调员（ERC）

该协调员是联合国处理人道主义事务的最高级别官员，联合国大会授权其在紧急响应期间协调国际人道主义援助，无论是由政府还是政府间机构或非政府组织提供的援助（图 C–1）。联合国紧急援助协调员直接向联合国秘书长报告，具体负责以下事项：处理成员国的援助请求；协调人道主义援助；确保信息管理和共享，支持早期预警和响应；协助进入紧急事件地区；组织需求评估；准备联合呼吁；调动资源以支持人道主义响应；协助从救灾行动到灾后恢复行动的平稳过渡。

联合国紧急援助协调员与政府合作的方式

——联合国紧急援助协调员负责监督和协调所有需要国际人道主义援助的紧急情况，监督国家级联合国驻地协调员（UNRC）和人道主义协调员（HC）的行动。在人道主义行动的宣传和筹款方面，联合国紧急援助协调员也发挥着核心作用。

C.1.2　机构间常设委员会（IASC）

这是一个用于协调、政策制定和决策的机构间论坛，涉及联合国和非联合国人道主义合作伙伴。机构间常设委员会由联合国紧急援助协调员主持工作。机构间常设委员会成员包括：联合国粮食及农业组织、联合国人道主义事务协调办公室、国际移民组织、联合国开发计划署、联合国人口基金会、联合国人居署、联合国难民事务高级专员公署、联合国儿童基金会、世界粮食计划署和世界卫生组织。联合国机构间常设委员会长期受邀方包括：红十字国际委员会、国际志愿机构理事会、红十字会与红新月会国际联合会、InterAction、联合国人权事务高级专员办事处、人道主义响应指导委员会、国内流离失所者人权问题特别报告员办公室和世界银行（图 C–2）。

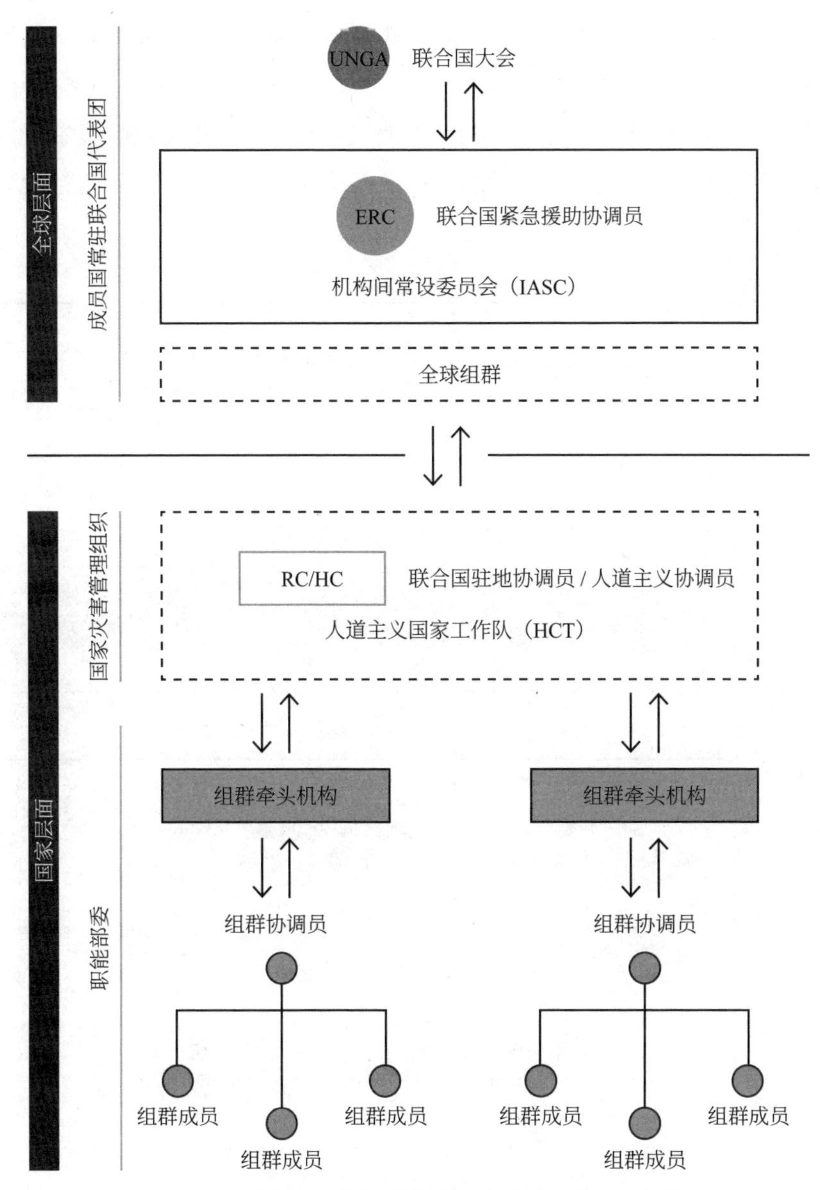

图 C–1　联合国机构间常设委员会人道主义领导架构

联合国机构间常设委员会致力于提高整个人道主义体系的运作成效。除了负责人级别的会议外，联合国机构间常设委员会还有许多附属小组。联合国机构间常设委员会工作组由联合国机构间常设委员会相关组织的政策主管（或类似职位人员）组成。机构间常设委员会工作组的重点是人道主义政策。根据机构间常设委员会做出的战略决策，工作组负责制定政策和指南；就战略问题向机构间常设委员会提出建议；建立和监督任务组的工作[1]；建立和监督参考组的工作[2]；与应急指挥组（EDG）合作，确定并说明与人道主义行动直接相关的政策事项。应急指挥组由机构间常设委员会相关组织的行动指挥人员组成，专注于监督全球各地的人道主义行动。

成员

长期
受邀方

图 C–2 联合国机构间常设委员会

1 有任务时限的工作组致力于实现既定优先事项的预期结果。各工作组负责以下事项：对受灾群体负责，保护受灾群体免受性剥削和性虐待；人道主义筹资；受灾群体保护（在全球保护组群下）；侧重于长期危机背景下加强人道主义救援或灾后发展的关系。

2 参考组是人道主义志愿行动团体，隶属于联合国机构间常设委员会，但不受其直接监督。参考组的工作涉及以下方面：风险、早期预警和准备；性别与人道主义行动；应对城市地区的人道主义挑战；紧急情况下的心理健康和社会心理支持；长期流离失所问题。

当危机的规模或严重程度需要时，应急指挥组可以在人道主义响应中发挥更直接的监督作用，支持人道主义体系在国家层面的行动决策。

联合国机构间常设委员会与各国政府合作的方式

——机构间常设委员会及其附属机构是全球机制的一部分。在国家层面，人道主义国家工作队（HCT）履行与机构间常设委员会类似的职能，并具有类似的成员组成，由常驻所在国或在所在国工作的人道主义机构组成。

C.2 地区层面的机制

C.2.1 机构间常设委员会亚太地区网络（IASC RN）

这是由联合国人道主义事务协调办公室主持的非正式协调平台。这一网络的成员与机构间常设委员会相同，但属于地区层面的机构。机构间常设委员会亚太地区网络的议程，主要侧重于以下内容：支持地区层面的救灾准备；确保在整个地区做出高质量的应急响应，包括宣传人道主义保护、援助获取和与人道主义议程相关的其他人权；支持全球人道主义政策和指南的本地化和实施。

机构间常设委员会亚太地区网络，每年召开两次主管级定期会议。这一网络有两个附属组——应急准备工作组（EPWG）和人道主义行动中的性别问题工作组（GiHA），每季度举行一次会议。还有一个地区现金转账工作组，也隶属于机构间常设委员会亚太地区网络。

C.2.2 人道主义军民协调区域协商小组（RCG）

这是一个多利益相关方地区论坛，成立于 2014 年，汇集了人道主义、民防和军事救援人员，参与救灾规划和地区灾害应对。成立区域协商小组的目的是讨论灾害应对准备计划，重点是协调地区灾害应对重点国家（孟加拉国、尼泊尔、印度尼西亚、缅甸和菲律宾）的民防和军事救援人员之间的行动计划。区域协商小组促进了信息和创新思想的交流，从而实现协调良好且满足需求的有效灾害响应。

总之，区域协商小组加强了与其他有关平台的联系，尤其强化了与区域组织和人道主义军民协调全球协商小组的关系。在联合国人道主义事务协调办公室的支持下，区域协商小组由亚太地区的成员国领导。

C.2.3 太平洋人道主义工作队（PHT）

这是太平洋地区专门的人道主义国家工作队（HCT），涵盖 14 个太平洋岛屿国家和地区。太平洋人道主义工作队是一个人道主义组织网络，共同协助太平洋岛国救灾准备和灾害应对。太平洋人道主义工作队与太平洋各国政府和合作伙伴协作，确保必要的措施安排到位，从而为国家主导的灾害响应提供有效的国际支持。太平洋人道主义工作队已被联合国机构间常设委员会确认为协调机构，其本身包括了 9 个地区组群，支持国家协调机制，包括两个关于现金转账和通信支持的地区工作组。联合国人道主义事务协调办公室与驻地协调员共同领导太平洋人道主义工作队。

有关太平洋人道主义工作队的更多信息，请访问：www.reliefweb.int/report/world/pacific-humanitarian-team-commitment-action。

C.2.4 东盟灾害管理委员会（ACDM）

该委员会成立于 2003 年[1]，由来自东盟各成员国的国家灾害管理组织代表组成，全面负责协调和实施地区 10 个东盟成员国的灾害管理活动。东盟灾害管理委员会负责政策监督以及东盟灾害管理和应急响应协定 2016—2020 年工作计划的实施。

1 东盟灾害管理委员会 20 世纪 70 年代就已成立，但在 2003 年得到了显著加强。

案例研究 3 军民协调

区域协商小组最初的一项建议是提高可预测性，在响应过程中形成对军民协调机制及其各自职能的共识。《灾害响应中的人道主义军民协调：建立一个可预测的模型》概述了关键的军民协调机制，以及根据全球和地区的框架和指南，这些机制在亚太地区救灾过程中具体启动方式。5 个不同章节各侧重一个重点国家，扩大了对亚洲地区人道主义军民协调独特背景的理解，力求进一步加强全球、地区和国家救灾指导与机构之间的联系，改进灾害响应中的军民协调。

C.3 国家层面的机制

C.3.1 联合国驻地协调员 / 人道主义协调员（RC/HC）

1. 联合国驻地协调员

该协调员是联合国秘书长在一个国家的指定代表，也是联合国国家工作队（UNCT）的负责人。得到联合国驻地协调员办公室（UNRCO）的支持，通过联合国秘书长致国家元首或政府首脑的信函委任驻地协调员。

2. 人道主义协调员

该协调员由联合国紧急援助协调员与联合国机构间常设委员会协商后委任，适用于一个国家或地区需要大规模和持续的国际人道主义援助的情况。向某个国家派遣人道主义协调员的决定，通常是在灾害开始或危机迅速恶化时做出的，并且是在与受灾政府协商后做出的。在某些情况下，联合国紧急援助协调员可能会选择指定联合国驻地协调员作为人道主义协调员。在其他情况下，可以任命机构（联合国或参与协调响应系统的国际非政府组织）另一名负责人作为人道主义协调员，或者可以根据预选的人道主义协调员候选人名册安排一个独立的人道主义协调员。

人道主义协调员在危机中承担人道主义国家工作队的领导责任。在没有人道主义协调员的情况下，联合国驻地协调员负责联合国国家工作队成员机构和其他相关人道主义救援人员开展战略和行动协调。

联合国驻地协调员和人道主义协调员与各国政府合作的方式

——联合国驻地协调员是派驻某个国家的高级联合国官员，也是该国政府与联合国的第一联络点（图 C–3）。驻地协调员管理联合国国家工作队，负责协调联合国所有相关活动。但是，如果任命了人道主义协调员，那么人道主义协调员将领导人道主义响应，支持人道主义组织（联合国机构和非联合国机构）所有相关的协调。人道主义协调员是受灾国政府救灾响应的第一联络点。

——在没有任命人道主义协调员的救灾行动中，联合国驻地协调员仍然是政府的第一联络点，可能管理人道主义国家工作队和联合国国家工作队。

C.3.2　人道主义国家工作队（HCT）

这是受灾国内的一个救灾决策论坛，专注于提供共同的战略和政策指导，解决人道主义行动相关的问题。

人道主义国家工作队的成员，通常与联合国机构间常设委员会在国家层面的成员相同。其成员包括：常驻或在某国开展工作的联合国和非联合国人道主义组织，以及国家级非政府组织。人道主义国家工作队由人道主义协调员主持工作，如果没有委任人道主义协调员，则由联合国驻地协调员主持工作。

某些人道主义国家工作队，还决定在其成员中引入主要援助政府或私营部门机构的代表。

联合国人道主义国家工作队与各国政府合作的方式

——人道主义国家工作队的主要职能，是为人道主义援助人员提供战略和政策指导；但是，人道主义国家工作队也可以作为政府的高级别联络点（图 C–3）。在某些情况下，这可能有助于制定与国家响应计划相一致的人道主义响应计划。

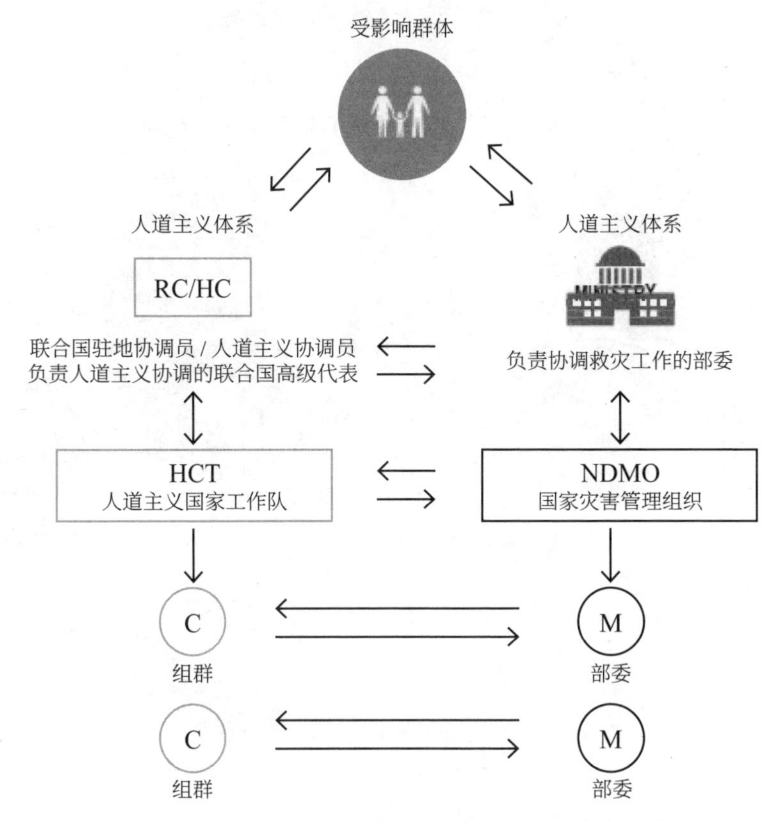

图 C–3 联合国机构间常设委员会与政府的协调和联系

C.4 援助协调机构

C.4.1 组群

这是联合国机构间常设委员会管理的工作框架，是 2005 年人道主义改革的一部分。在人道主义行动的每个主要职能领域，都建立了联合国和非联合国机构的行动组群（图 C–4）。组群在全球层面和国家层面运作，支持各国政府管理国际援助。

图 C–4　组群

在全球层面，组群负责加强整个人道主义体系的救灾准备和协调技术能力，应对相应职能领域的人道主义紧急情况。如有需要，可在灾害发生时建立国家级组群。根据对受灾国内的持续需求评估，在响应的初始阶段后，这些国家级组群可能会继续运作，也可能会解散。在国家层面，组群作为受灾国政府、联合国驻地协调员和人道主义协调员的第一联络点（图 C–3），确保人道主义组织的行动得到协调，在可能的范围内，组群反映了国家级响应架构[1]，使用与国家职能部门接近或相同的术语，通过政府代表共同主持工作。

在全球范围内，已经建立了11个组群，并指定了对联合国机构间常设委员会负责的组群牵头机构。在国家层面，组群[2]由国家级机构领导，或由向联合国驻地协调员或人道主义协调员负责的非政府组织代表领导。但是，国家层面的组群牵头机构，不一定与相应职能领域的全球组群牵头机构相同。

相反，组群领导应根据当地情况和当地机构的能力进行配置。国家层面的组群架构也必须适应当地的需求；在亚太地区，活跃的组群或职能领域部署在17个国家（图C–5）。在需要时，可以建立国内地方层面的组群，同样的，地方组群的牵头机构不需要与国家层面的组群牵头机构相同。太平洋人道主义工作队是太平洋地区独一无二的地区组群机构，支持国家级协调工作。

组群方法与各国政府合作的方式

——通过向相关职能部委提供密切协助，国内组群支持所在国政府的应急响应需求。通过人道主义协调员、人道主义国家工作队或组群牵头机构，可以访问国内组群。更多信息，请访问以下网址：www.humanitarianresponse.info/en/coordination/clusters。

1 某些组群为协调后勤和应急通信等共同服务而建立，可能没有相对应的国家机构。

2 在亚太地区的某些国家或地区，更倾向于使用“职能领域”一词。

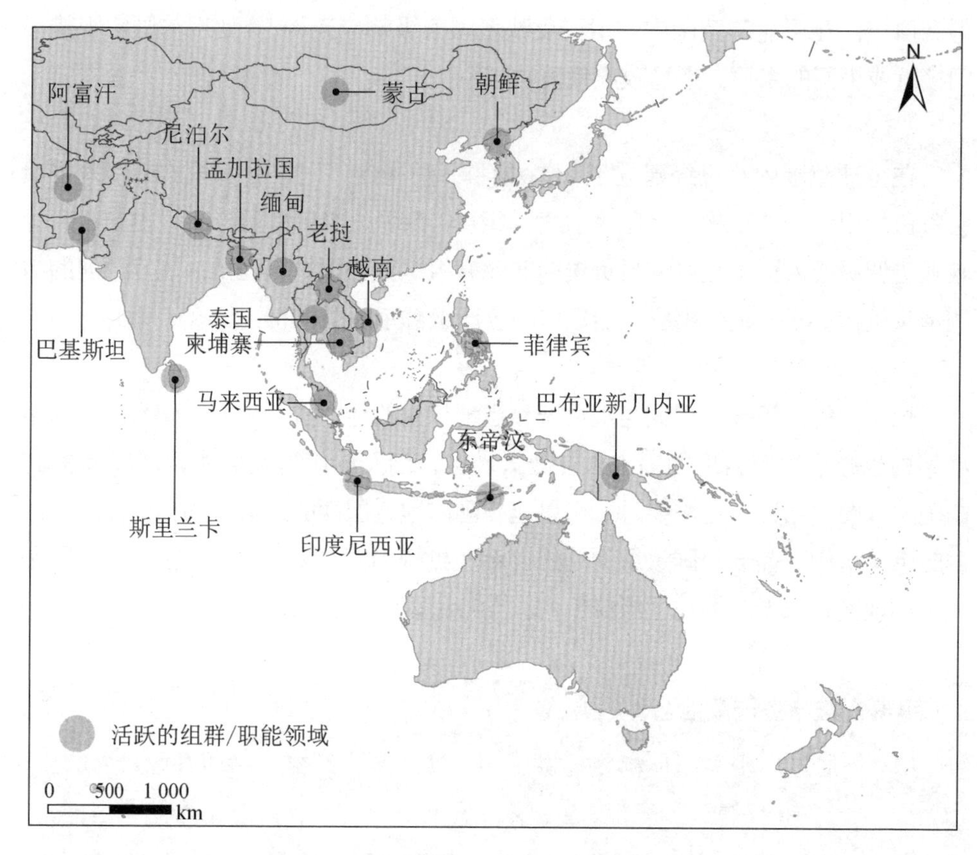

职能领域和组群之间的区别：职能领域是指人道主义行动的一个具体的技术领域。而组群方法的实施，旨在规范技术职能领域牵头机构的责信制和具体责任。在国家层面，组群牵头机构的代表对人道主义协调员负责。这种责信制是职能领域和组群之间的主要区别。在政府负责援助协调工作的国家，我们通常谈论职能领域牵头机构而不是组群牵头机构。

图 C–5　联合国机构间常设委员会活跃组群或职能领域所部署的国家

C.4.2　联合国人道主义军民协调（UN–CMCoord）

这是人道主义紧急情况下平民和军事救援人员之间的对话和互动，可以保护和促进人道主义原则、协调合作、尽量减少不一致，并在适当情况下追求共同目标。自然灾害和复杂突发事件中的关键协调要素包括：信息共享、任务分工和规划。

随着下述军民协调 5 项主要任务背景和重点的演进，这些关键要素的范围和运作方式也将改变：

—（1）建立并维持与军事力量的对话。
—（2）确定相关机制，确保与军事力量和其他武装团体交流信息，并采取人道主义行动。
—（3）协助人道主义军事互动关键领域的谈判。
—（4）支持制定和传播基于具体情况的指南，以促进人道主义机构与军方的互动。
—（5）关注军事力量的活动，确保其对人道主义救援行动产生积极影响。

如有必要，可建立政府主导的军民协调机制。利用外国或国家军队支持人道主义行动，是补充现有救助机制的一种选择。

联合国军民协调是亚洲和太平洋地区许多应急响应的核心组成部分，因为国家军队通常首先授权为应急响应机构，而且军队对人道主义援助和救灾（HADR）提供长期支持是很普遍的情况。

如果灾害规模超过受灾国的承受能力，受灾国与人道主义机构协商，可以确定是否需要外国军事力量的支持。在这种情况下，需要一个可预测的平台，以协调民防和军事救援人员。

人道主义协调员有责任为军民互动确定连贯一致的人道主义方法，利用外国军事资源支持人道主义优先事项。虽然军事资源仍处于军方控制之下，但援助行动必须在负责的人道主义组织的总体领导下保持民事性质。然而，针对相关军事资源，这并不意味着取得了民事指挥和控制权。

联合国军民协调机构支持各国政府的方式

——联合国军民协调平台由受灾国政府建立和领导，并得到联合国人道主义事务协调办公室以及其他负有特定军民协调职责的人道主义组织的支持，例如世界粮食计划署（WFP）。

C.4.3 联合国人道主义事务协调办公室（OCHA）

这是联合国秘书处的一部分，负责为全球层面的联合国紧急援助协调员和国家层面的联合国驻地协调员和人道主义协调员提供机构支持。联合国人道主义事务协调办公室协调人道主义行动，提倡保障受灾群体的权利，制定人道主义政策并进行分析，管理人道主义信息系统并监督筹集的人道主义基金。联合国人道主义事务协调办公室总部设在瑞士日内瓦和美国纽约，在亚太地区扮演着重要角色。

（联合国人道主义事务协调办公室）亚太地区办事处（ROAP）位于泰国曼谷。该办事处为南亚、东亚、东南亚和太平洋地区的 27 个国家和地区提供支持[1]，并在需要时增援联合国人道主义事务协调办公室驻太平洋岛国办事处。联合国人道主义事务协调办公室驻太平洋岛国办事处（OP）位于斐济苏瓦。该办事处为 14 个太平洋岛国提供支持[2]，由联合国派驻斐济和萨摩亚两国的驻地协调员领导。此外，该办事处还支持太平洋人道主义小组。

在阿富汗、缅甸、巴基斯坦和菲律宾，联合国人道主义事务协调办公室还设有国家办事处，为人道主义协调员和当地人道主义国家工作队提供支持。人道主义咨询小组（HAT）是联合国人道主义事务协调办公室设立在国家层面的小型机构，但在职能上属于地区办事处的一部分。这些小组支持驻地协调员或驻地协调员 / 人道主义协调员。在印度尼西亚、日本和朝鲜，联合国人道主义事务协调办公室亚太地区办事处设有人道主义咨询小组。

联合国人道主义事务协调办公室与各国政府合作的方式

——联合国驻地协调员和人道主义协调员，是受灾国政府与国际人道主义体系的第一联络点。联合国人道主义事务协调办公室，一般通过

1 包括阿富汗、澳大利亚、孟加拉、不丹、文莱、柬埔寨、中国、朝鲜、印度、印度尼西亚、日本、老挝、马来西亚、马尔代夫、蒙古、缅甸、尼泊尔、新西兰、巴基斯坦、巴布亚新几内亚、菲律宾、韩国、新加坡、斯里兰卡、泰国、东帝汶和越南。

2 包括密克罗尼西亚、斐济、基里巴斯、马绍尔群岛、瑙鲁、帕劳、所罗门群岛、汤加、图瓦卢、瓦努阿图、库克群岛、纽埃、萨摩亚和托克劳。

其地区办事处支持联合国驻地协调员，通过国家办事处或在某些情况下通过人道主义咨询小组支持人道主义协调员。联合国人道主义事务协调办公室还越来越多地与相关政府对口部门（尤其是国家灾害管理组织）直接合作，为政府主导的应急协调、救灾准备活动和救灾能力建设提供支持。联合国人道主义事务协调办公室，还支持执行人道主义任务的地区组织。

C.4.4　东盟灾害管理人道主义援助协调中心（AHA Centre）

该中心成立于 2011 年 11 月，负责东盟灾害管理和应急响应协定涉及的所有援助活动的协调。按照“同一个东盟，同一个响应”宣言的精神，东盟灾害管理人道主义援助协调中心与东盟各机构合作促进东盟各成员国之间的合作与协调。

东盟灾害管理人道主义援助协调中心还与不同的合作伙伴和利益相关方合作，包括东盟、联合国和国际红十字与红新月运动、国际组织、民间社团、青年组织、私营部门、学术界和研究机构以及媒体的对话机制、职能领域和发展合作伙伴。

为了加强与民间社团的联系，东盟灾害管理委员会和东盟灾害管理人道主义援助协调中心与东盟灾害管理和应急响应协定伙伴关系小组（APG）密切合作，这个小组是东盟与 7 个主要国际非政府组织之间的机构间伙伴关系框架[1]，共同推广以人为本的协调方法，从而贯彻东盟灾害管理和应急响应协定。

东盟灾害管理人道主义援助协调中心提供一系列工具和服务，包括东盟国家灾害管理组织的培训和能力建设，以及应急响应团队的部署。

东盟灾害管理人道主义援助协调中心设立了一个管理委员会，由 10 个东盟

1 参与的非政府组织包括：全球儿童运动、国际助老会、马来西亚医疗救助协会、牛津饥荒救济委员会、国际培幼会、救助儿童会和世界宣明会。

成员国的国家灾害管理组织和东盟秘书处的代表组成。东盟灾害管理人道主义援助协调中心设立于印度尼西亚雅加达。

东盟灾害管理人道主义援助协调中心与各国政府合作的方式

——作为灾害管理的主要地区协调机构，东盟灾害管理人道主义援助协调中心是东盟成员国在发生灾害时的第一联络点。在发生大规模灾害或流行病时，东盟灾害管理人道主义援助协调中心执行主任作为东盟人道主义援助协调员（SG-AHAC）的职能开始运作，与东盟秘书长建立协调联系。

C.4.5 南盟灾害管理中心（SDMC）

该中心是在南亚区域合作联盟（SAARC）于 2006 年通过了南盟灾害管理综合框架之后成立的。南盟灾害管理中心的任务，是建立和加强南亚地区灾害管理系统，并将其作为降低风险和改善应急响应和灾后恢复的工具。南盟灾害管理中心在南亚区域合作联盟自然灾害快速响应机制条约的支持下运作，改进和维护地区援助待命安排，以及其他合作机制，促进救灾和应急响应。南盟灾害管理中心设立于印度古吉拉特邦的南亚区域合作联盟秘书处。该中心定期举办培训，学员为南盟成员国的代表。

南盟灾害管理中心与各国政府合作的方式

——南盟灾害管理中心通过成员国的国家联络点，配合各国政府的职能部委、主管部门和行业协会开展工作。

请注意：尽管上述协调机制仅在需要时才启动，但如果在灾害发生之前就做出相关安排，那么此处描述的协调机制将会更加有效。

章末注释：

D　工具和服务

本章介绍针对亚太地区的一些最重要的灾害响应国际工具和服务。

如前所述，任何紧急情况下的主要响应方都是受灾社区及所在国政府。只有在救灾需求超过受灾国能力，并且受灾国政府请求或接受国际援助时，才会启动国际灾害响应工具和服务。还可以启动技术服务，支持受灾国政府和国际组织的救灾响应。就本指南而言，技术服务包括：预先准备的物品、通信技术包、紧急增援名册。

本章涵盖以下领域的国际工具和服务。

（1）技术团队：双边组织、政府间组织、国际红十字与红新月运动。

（2）救灾物资和储备：国际机制、地区机制。

（3）待命和增援名册：机构间合作机制、非政府组织、私营部门。

（4）信息管理：信息管理服务和成果、人道主义网站、卫星图像和地图绘制能力、评估工具。

（5）应急响应准备：法律准备、应急响应准备规划。

（6）人道主义筹资机制：国际筹资机制、地区筹资机制、战略规划和资源调动工具。

本章内容说明

每项工具和服务都配有简短的描述，然后是两个重点内容：支持的援助对象、获取援助的方法。

D.1　技术团队

在灾害发生数小时内，可以调动各种国际技术团队，支持受灾国政府的救灾工作。本节描述了双边组织、政府间组织和国际红十字与红新月运动技术团队的目的、组成和启动方式。在大规模灾害中，有时在中等规模灾害中，通常部署这些团队。除了受灾国政府、组群和其他独立机构部署的许多特定职能领域的技术团队之外，还有其他技术团队，旨在弥补相应的能力短板。

> (1) 双边组织：城市搜索与救援队（USAR）、紧急医疗队（EMT）、双边技术响应小组。
> (2) 政府间组织：联合国灾害评估与协调（UNDAC）队、联合国环境规划署/联合国人道主义事务协调办公室联合环境小组（JEU）、（东盟）应急响应和评估队（ERAT）。
> (3) 国际红十字与红新月运动：地区灾害响应小组（RDRT）、现场评估和协调队（FACT）、应急响应单元（ERU）。

D.1.1 双边组织

1. 城市搜索与救援队（USAR）

该组织由训练有素的专家组成，在地震或建筑物倒塌等紧急情况下提供救援和援助。在国际层面部署的城市搜索与救援队，通常由专业人员、专业设备和搜索犬组成。灾害发生后 24 小时到 48 小时内，这些团队就可以开展行动。通过双边协作机制，或者在联合国人道主义事务协调办公室管理的国际搜索与救援咨询团（INSARAG）的协调支持下，部署和安排城市搜索与救援队。与国际搜索与救援咨询团合作安排国际城市搜索与救援队的优势在于：通过联合国国际搜索与救援咨询团分级测评（IEC）系统，可以准确评估每支队伍的能力，并且队伍根据国际公认的标准和模式开展工作。

国际搜索与救援咨询团指南和方法的培训，针对以下阶段提供国际城市搜索与救援队响应的技术专业知识：准备、动员、行动、撤离和总结。通过国际搜索与救援咨询团培训，确保城市搜索与救援队伍在紧急情况下共享国际公认的程序和系统，实现持续合作。

除了遵循国际搜索与救援咨询团指南外，在国际层面部署城市搜索与救援队的国际搜索与救援咨询团成员国最好申请联合国国际救援队伍分级测评。联合国国际救援队伍分级测评，是针对国际城市搜索与救援队的独立同行评审，已获得国际搜索与救援咨询团的认可[1]。根据联合国国际救援队伍分级测评标准，将队伍分为“中型”或“重型”，确保在紧急情况下只部署合格的相应城市搜索与救援队资源[2]。在亚太地区，目前有 8 支城市搜索与救援队被国际搜索与救援咨询团归类为重型团队。另外还有 5 支队伍的分级测评工作正在进行（图 D–1）。

城市搜索与救援协调单元（UCC）是现场行动协调中心（OSOCC）的一部分，OSOCC 是协调国际应急响应行动的通用平台。城市搜索与救援协调单元遵循国际搜索与救援咨询团的方法，协调国际城市搜索与救援队，支持受灾国主管部门并与之合作。

支持的援助对象

——城市搜索与救援队支持各国政府的搜救工作，尤其是在建筑物倒塌的城市环境中。与城市搜索与救援队有合作需求的任何政府或组织，均可参加国际搜索与救援咨询团培训。城市搜索与救援协调单元的培训，支持政府主导的城市搜索与救援队响应部署的协调工作。

获取援助的方法

——寻求援助的受灾国政府通过以下方式联系国际搜索与救援咨询团，启动国际城市搜索与救援队：联系预先设定的国际搜索与救援咨询团国家联络点，或直接通过电子邮箱 insarag@un.org 联系国际搜索与救援咨询团秘书处。有意加入国际搜索与救援咨询团网络的国家，或参加国际搜索与救援咨询团或城市搜索与救援协调单元培训的国家，可以通过电子邮箱 insarag@un.org 联系位于瑞士日内瓦的国际搜索与救援咨询团秘书处。联合国人道主义事务协调办公室亚太地区办事处也是亚太国家和国际搜索与救援咨询团之间的联络点，通过电子邮箱 ocha-roap@un.org 联系。可以在网址 vosocc.unocha.org 申请访问虚拟现场行动协调中心的账户（更多相关详细信息，请参见“虚拟现场行动协调中心”）。

1 需要注意的是，联合国国际救援队伍分级测评是一个持续多年的过程，并且建立了一个等待测评认证的名单。经过联合国国际救援队伍分级测评的团队，预计每 5 年进行一次复测。

2 “轻型”城市搜索与救援队也非常重要，因为他们能够快速到达受灾社区，机动性高，但这类团队主要是为国家层面部署而设立的。

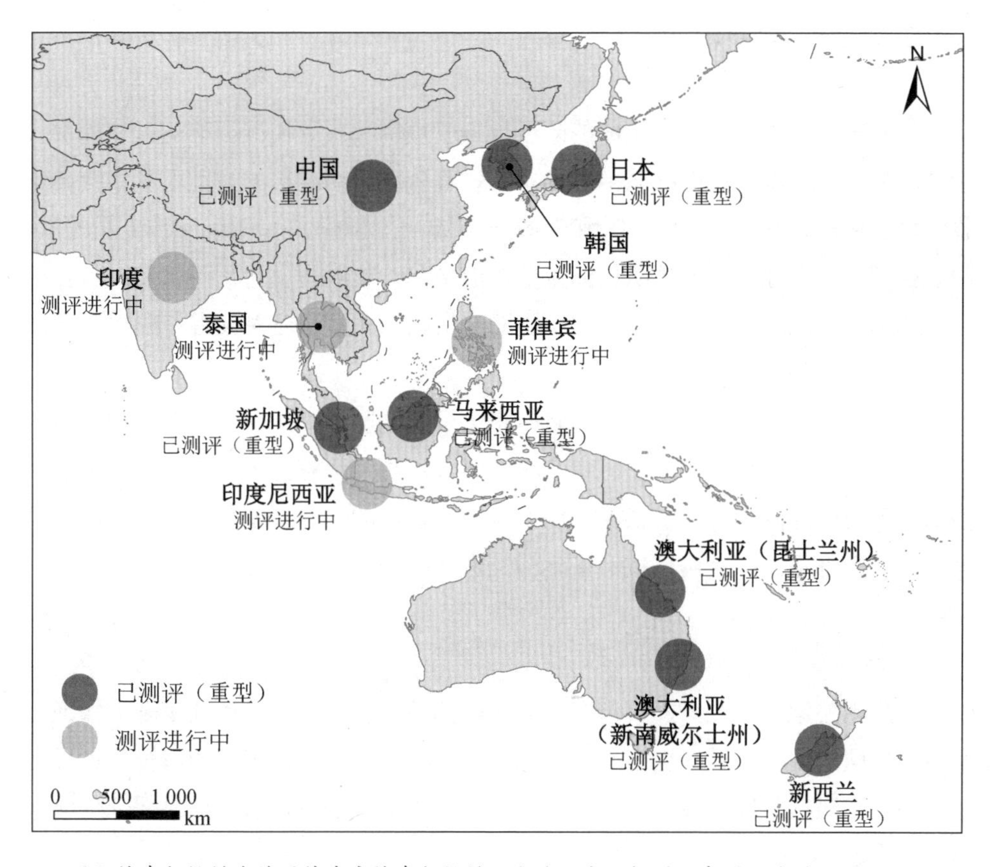

国际搜索与救援咨询团将城市搜索与救援队分为3类：轻型、中型和重型。

（1）轻型城市搜索与救援队具有快速行动能力，在灾害发生后立即协助地面搜索和救援。通常不建议轻型城市搜索与救援队进行国际部署。

（2）中型城市搜索与救援队具有在建筑物倒塌事件中进行技术搜索和救援行动的能力。中型城市搜索与救援队需要具备搜索被困人员的能力。国际中型城市搜索与救援队，在虚拟现场行动协调中心灾情发布32小时内，应能够在受灾国家开展行动。中型城市搜索与救援队必须配备足够的人员，确保有能力在一个地点进行长达7天的24小时持续行动。

（3）重型城市搜索与救援队具备执行高难度和技术性搜救行动的能力。重型城市搜索与救援队能够使用警犬和技术系统搜索被困人员。如果受灾国的救灾响应能力不堪重负或不具备所需能力，在多个建筑物倒塌的灾害中，通常是在城市环境中，还需要重型城市搜索与救援队提供国际援助。前往受灾国家的国际重型城市搜索与救援队，在虚拟现场行动协调中心灾情发布48小时内，应能够在受灾国家开展行动。重型城市搜索与救援队必须拥有足够的资源，确保有能力在两个不同的地点进行长达10天的24小时持续行动。

数据来源：国际搜索与救援指南。

图 D-1 按照国际搜索与救援咨询团标准分级的亚太城市搜索与救援队

2. 紧急医疗队（EMT）

这是医疗卫生专业人员组成的队伍，为受疫情和紧急情况影响的群体提供直接临床护理。部署紧急医疗队，是为了增强紧张或不堪重负的当地卫生系统。紧急医疗队包括政府(民用和军用)和非政府团队，可以由国内和国际工作人员组成。紧急医疗队是全球卫生紧急队伍的重要组成部分，能够提供可预测、及时和自给自足的临床紧急响应，在紧急情况下协助成员国，尤其是应对灾害和疫情暴发。

在紧急情况下，通过协调部署具有相关资质的医疗队，世界卫生组织紧急医疗队能够协助相关组织和成员国提升医疗能力，加强医疗卫生系统。按照世界卫生组织紧急医疗队的倡议，各国政府可以建立自己的国家级紧急医疗队。可以根据需要进行部署，并且可以按照国际标准进行分类测评，从而可以在邻国进行紧急响应。

世界卫生组织已经开发了一个全球分类测评系统，通过同行评审来“保证”紧急医疗队的质量。并建立了一份全球紧急医疗队清单，列出了所有符合世界卫生组织紧急医疗队部署最低标准的队伍，具备为受灾群体提供有质量保证临床服务的能力。

遭受灾害或其他紧急情况影响的国家，可以向经过分类测评具有相关资质的紧急医疗队发出援助请求，医疗队最好是来自邻国。亚太地区目前有 5 个经过政府组建的紧急医疗队。另外，有 12 个紧急医疗队的分类测评正在进行中，这些医疗队由非政府组织或政府组建（图 D–2）。

紧急医疗队协调单元（EMTCC）帮助国家卫生部协调国内和国际紧急医疗队的任务分配、管理和报告。紧急医疗队协调单元是现场行动协调中心的一部分，通常设立于卫生部现有紧急行动中心的病例管理核心部门。

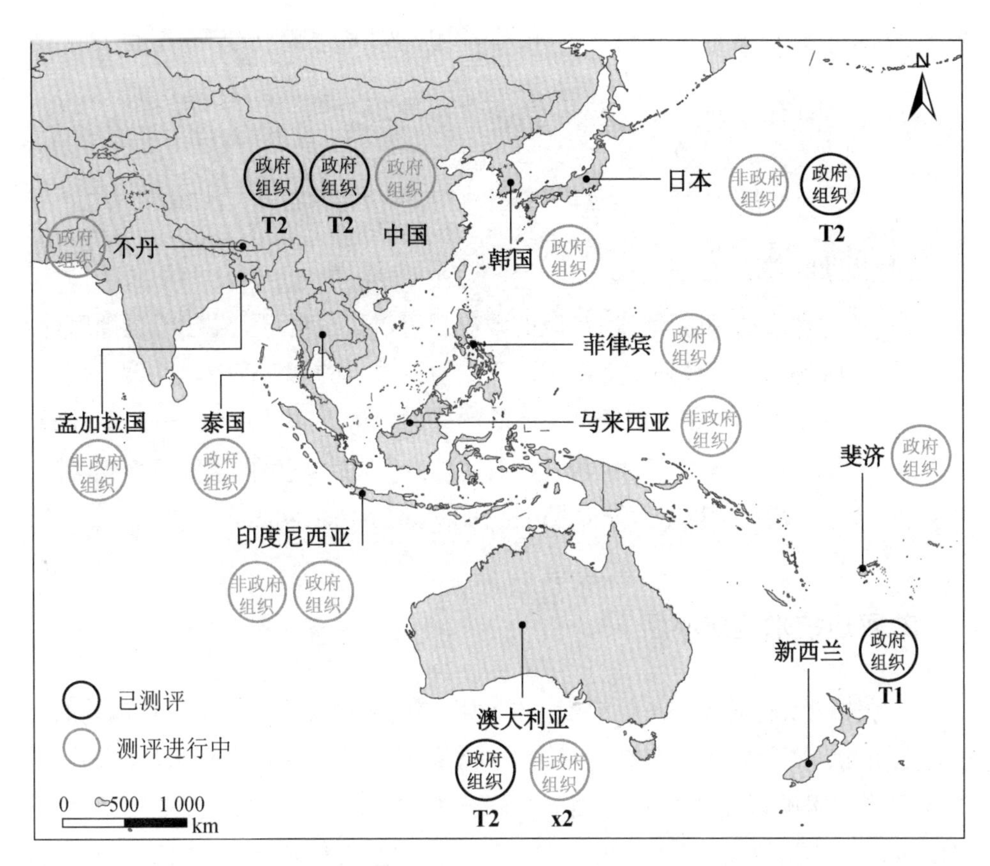

<table>
<tr><th colspan="2">类型</th><th>描述</th><th>接诊能力</th></tr>
<tr><td rowspan="2">1 类</td><td>流动部署</td><td>流动门诊队伍；提供针对偏远小型社区的医疗服务</td><td>每天接诊超过 50 名门诊患者</td></tr>
<tr><td>固定部署</td><td>门诊设施（可能包括帐篷结构）</td><td>每天接诊超过 100 名门诊患者</td></tr>
<tr><td colspan="2">2 类</td><td>具有急诊外科手术条件的住院设施</td><td>每天接诊超过 100 名门诊患者和 20 名住院患者；
每天可进行 7 次大手术或 15 次小手术</td></tr>
<tr><td colspan="2">3 类</td><td>提供转诊级别护理、住院设施，可进行整形和专科手术护理以及高依赖性护理或重症监护</td><td>每天接诊超过 100 名门诊患者和 40 名住院患者；
提供 4 ～ 6 张重症监护病床，每天可进行 15 次大手术或 30 次小手术</td></tr>
<tr><td colspan="2">专科医疗队</td><td>可以加入国家医疗机构或紧急医疗队，另外提供专科护理服务</td><td>在应急响应中，如果紧急医疗队提供（如康复、儿科、外科等）各种直接的患者护理相关服务，那么这样的医疗队可被称为专科医疗队</td></tr>
</table>

图 D–2 亚太地区可部署的国际紧急医疗队

支持的援助对象

——训练有素且自给自足的医疗队伍能够做出可预测和及时的应急响应，为受灾害和公共卫生紧急事件影响的政府和群体提供支持。想要发展紧急医疗队的任何政府或组织，都可以获得国家紧急医疗队的相关培训。

获取援助的方法

——有意启动国际紧急医疗队的政府，可以联系世界卫生组织紧急医疗队秘书处，或通过虚拟现场行动协调中心的紧急医疗队协调页面发出请求。想要注册紧急医疗队的国家，可以通过 EMTeams@who.int 提交加入世界卫生组织全球紧急医疗队的注册意向书。更多相关信息，请访问以下网址：extranet.who.int/emt/page/home。

3. 双边技术响应小组

这是协助政府对需求进行初步评估而部署的应急小组，协助受灾国政府、联合国机构、国际红十字与红新月运动或非政府组织。活跃在亚太地区的一些重要双边技术响应小组包括：美国国际开发署（USAID）的灾害援助响应队（DART）、国际发展部（DFID）的冲突、人道主义和安全部（CHASE）、日本国际协力机构（JICA）的日本救灾队（JDR）、欧洲民事保护和人道主义援助行动总局（ECHO）的民防小组和快速响应小组。

支持的援助对象

——大多数双边技术响应小组，旨在协助援助国政府做出援助决策，从而在应急响应期间提供适合类型的支持。某些团队，例如日本救灾队，还提供搜救、医疗和其他技术支持。

获取援助的方法

——有关这些双边技术响应小组的更多信息，可以向相应国家的大使馆咨询。

D.1.2 政府间组织

1. 联合国灾害评估与协调队（UNDAC）

这是受过专门训练的国际灾害管理专业人员待命团队；成员来自联合国成员国、联合国机构和其他救灾组织，可在灾害发生 12 ~ 48 小时内部署到位。联合国灾害评估与协调队的主要任务包括评估、协调和信息管理，还可以提供专门的技术援助（如环境应急管理）。

联合国灾害评估与协调队通常会在受灾地区停留，这是应急响应的初始阶段，这一阶段可能长达三周。

联合国灾害评估与协调队建立并管理多个支持响应协调的相关机构：

（1）现场行动协调中心（OSOCC）为协调国际响应工作和服务提供了一个通用平台。它既作为一个场所，也相当于一种机制，类似于政府的国家紧急行动中心，但根据其在国际人道主义系统中的职能进行了调整。相关的在线培训课程，提供对现场行动协调中心运作和管理的基本介绍，解释现场行动协调中心系统的目的、角色、结构、原则和功能，可以通过虚拟现场行动协调中心平台访问。

（2）接待和撤离中心（RDC）是现场行动协调中心（OSOCC）的一部分。接待和撤离中心主要为入境的援助队伍进行登记，特别是城市搜索与救援队和紧急医疗队，提供有关灾情、国内和国际响应人员的行动及后勤安排的基本信息。

（3）虚拟现场行动协调中心（VOSOCC）是一个全球性的在线网络和信息门户，可促进救灾人员与受灾国之间的信息交流，包括灾前、灾中和灾后的数据。通过虚拟现场行动协调中心，可以发现政府是否已请求搜救或医疗支持，协调紧急医疗队和城市搜索与救援队的援助建议，共享抵达灾区前的相关信息，跟踪队伍的抵达情况和现场位置。

联合国灾害评估与协调队培训包括灾害评估与协调队入职课程、灾害评估与协调队进修课程两种。入职课程是为期两周的培训，向参与者提供有关联合国灾害评估与协调队核心活动的相关知识，包括评估、协调和信息管理。进修课程是为期四五天的培训课程，要求联合国灾害评估与协调队名册所列人员每两年参加一次培训，以保持相应的技能水平。联合国灾害评估与协调队培训，面向灾害评估与协调队的代表和灾害评估与协调队的参与国。队伍的代表通常来自政府机构、人道主义事务协调办公室和联合国机构，但也可以来自非政府组织。课程一旦学习完成，参与学习人员就有资格被添加到联合国灾害评估与协调队应急名册中。联合国灾害评估与协调队名册所列人员，预计每年参加紧急任务 2 ～ 3 次。

联合国灾害评估与协调队可以评估和推荐加强国家灾害应对准备的方法，包括相关政策和立法。灾害评估与协调队的任务通常会持续两周，随后会定期审查所提建议的实施进展情况。

支持的援助对象

——在联合国人道主义事务协调办公室的管理下，部署联合国灾害评估与协调队执行任务，支持受危机影响的政府、驻地协调员（人道主义协调员）和人道主义国家工作队（HCT）。联合国灾害评估与协调队的部署是免费的。自 1993 年以来，已在亚太地区 29 个国家开展了 83 次联合国灾害评估与协调队部署任务（图 D-3）。

获取援助的方法

——根据受灾国政府、联合国驻地协调员或人道主义协调员的请求，部署联合国灾害评估与协调队。通过与联合国灾害评估与协调队成员机构和各国政府预先达成的协议，队伍成员可以获得活动资金。通过联合国人道主义事务协调办公室日内瓦总部电话 +41 22 917 1600（电子邮箱为 undac_alert@un.org），或通过联合国人道主义事务协调办公室亚太地区办事处电话 +66 2288 2611（电子邮箱为 ocha-roap@un.org），可以请求联合国灾害评估与协调队执行应急响应或救灾准备任务。联合国灾害评估与协调队培训或有关现场行动协调中心的更多信息，可通过联合国人道主义事务协调办公室现场协调支持服务（OCHA-FCSS）获取（电子邮箱为 ocha-fcss@un.org），

或通过联合国人道主义事务协调办公室亚太地区办事处获取（电子邮箱为 ocha-roap@un.org）。

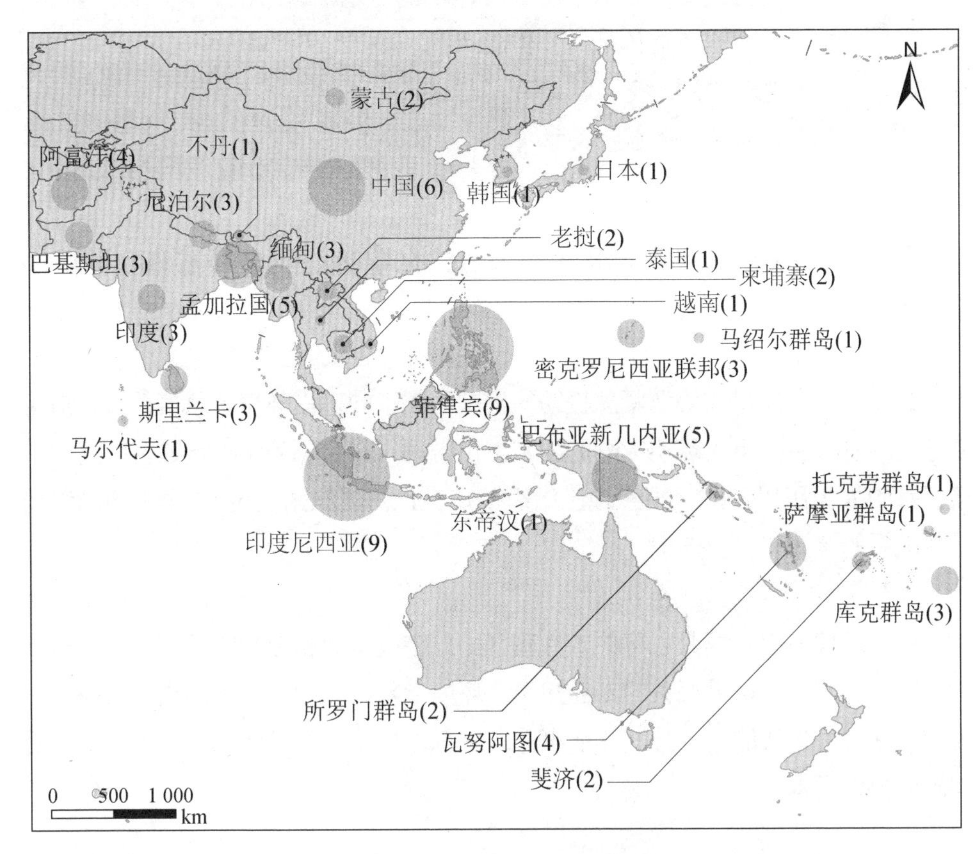

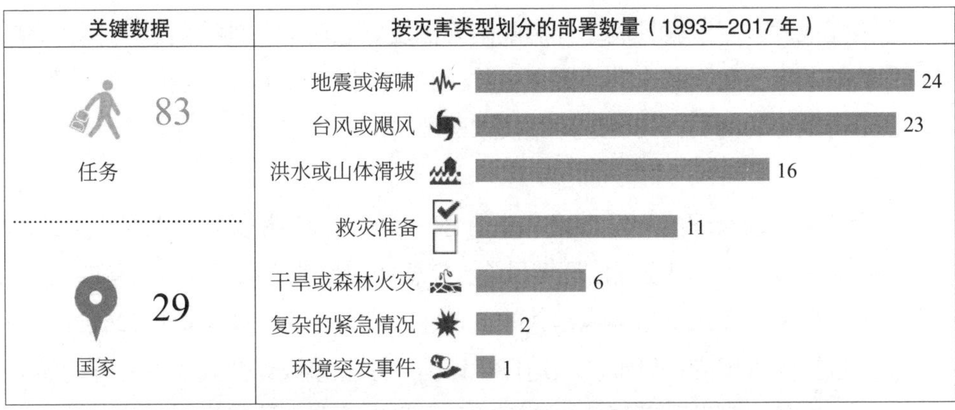

图 D-3 联合国灾害评估与协调队在亚太地区的部署（1993—2017 年）

联合国灾害评估与协调队技术合作伙伴关系

——联合国灾害评估与协调队与许多技术非政府组织和其他伙伴合作，确保快速部署和自给自足。合作案例包括：联合国灾害评估与协调队与无国界电信传播组织的合作伙伴关系，与 MapAction 合作提供现场地图绘制服务，与敦豪环球速递公司合作提供机场物流服务，与联合国卫星中心合作提供卫星图像服务。

2. 联合国环境规划署 / 联合国人道主义事务协调办公室联合环境小组（JEU）

这是联合国动员和协调紧急援助的机制，用于向遭受环境紧急事件和人道主义危机，且产生了重大环境影响的国家提供帮助。联合环境小组与联合国机构、项目和附属组织以及成员国和地区组织密切合作，可利用超过 15 个不同网络和伙伴关系的资源和专业知识。

联合环境小组根据紧急事件的性质（即危害或事故和影响的类型，或者和涉及的物质类型），提供相关的专业知识。环境专家可以独立部署，或作为联合国灾害评估与协调队的一部分，评估事件，进行采样，并在条件允许的情况下在受灾国内分析样本。

评估完成后，专家就控制事件影响的方法及紧急应对措施给出建议。如果需要特殊的技术专长或设备来处理紧急事件，且受灾国家不具备这些能力时，联合环境小组可以协助动员相关促进此类技术资源。

联合环境小组管理的突发环境事件中心（EEC）提供相关培训服务，介绍环境应急响应过程，以及用于评估环境风险、应急计划和地方层面应急准备的工具。突发环境事件中心还提供与环境相关的免费在线学习工具、课堂培训和研讨会，相关主题包括灾害废弃物管理、快速环境评估、工业事故以及人道主义行动环境和应急响应准备。突发环境事件中心面向各国政府、联合国组织、公共和私营部门机构的人员，以及涉及环境突发事件和人道主义救援的各种其他工作人员，提供入门培训和高级培训。

突发环境事件中心提供免费在线学习平台，网址为 www.eecentre.org/Training。该中心还可以安排线下培训和研讨会。

环境专家中心（EEHub）为专家提供实用指导，通过联合环境小组部署环境事件应急准备和响应任务。在其网站上，可以获取准备部署所需的所有必要信息、指南、工具和培训材料。通过环境专家中心，可以加入联合环境小组的实践社区。该社区是一个非正式的平台，专家们可以在这里学习和分享，并与联合环境小组和世界各地的其他环境专家保持联系。

支持的援助对象

——联合环境小组的任务，是支持面临严重突发环境事件影响的成员国。

获取援助的方法

——通过联合国人道主义事务协调办公室的值班系统，联合环境小组可以 7 天 24 小时持续运作，调动资源支持面临紧急情况的成员国。在收到紧急事件警报或灾害准备支持请求后，联合环境小组将建议立即采取行动，在必要时向其合作伙伴网络转发援助请求。可通过以下电子邮箱 ochaunep@un.org 进行查询，或通过联合国人道主义事务协调办公室亚太地区办事处的电子邮箱 ocha-roap@un.org 进行查询。

可以通过突发环境事件中心以下链接在线访问环境专家中心：eecentre.org/eehub。

3.（东盟）应急响应和评估队（ERAT）

其成员是训练有素且可快速部署（24 小时内）的紧急评估专家，支援东盟国家的灾害应对。自 2008 年以来，在亚太地区已经部署了 85 名应急响应和评估队成员，执行了 21 次任务（图 D–4）。

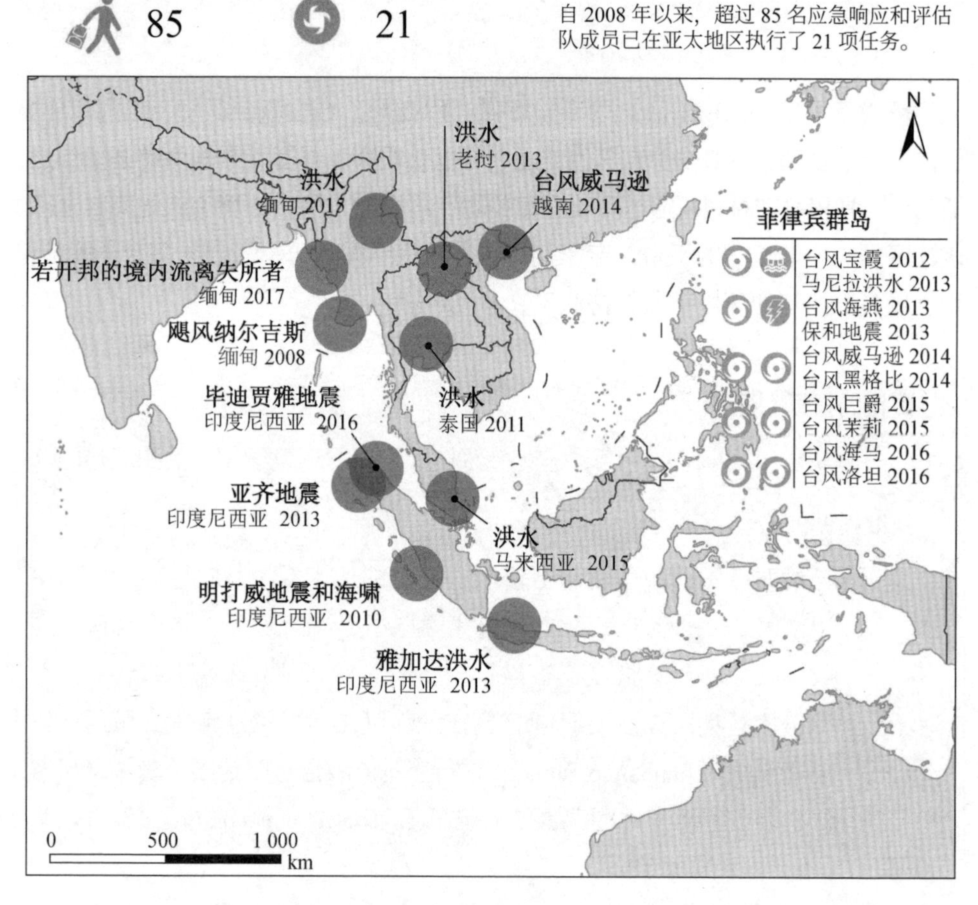

图 D–4 （东盟）应急响应和评估队在亚太地区的部署（2008—2017 年）

在紧急事件的初始阶段，应急响应和评估队旨在协助国家灾害管理组织，提供多个领域的协助，包括：①进行快速评估；②通过灾害损失评估和需求分析，估计灾害的规模、严重程度和影响情况；③收集信息并报告受灾群体的迫切需要；④与东盟灾害管理人道主义援助协调中心合作，帮助受灾地区调动、管理和部署区域灾害管理资源、人道主义物资和援助。

应急响应和评估队建立东盟联合行动协调中心（JOCCA），作为现场协调系统加强东盟在本地区大规模灾害响应中的集体响应，支持受灾成员国政府。东盟联合行动协调中心由受灾成员国的国家灾害管理组织进行协调和领导。

在条件允许的情况下，东盟联合行动协调中心尽可能部署到国家灾害管理组织所在地。东盟联合行动协调中心有3个主要目标：①支持国家灾害管理组织建立现场系统，接收和协调来自东盟成员国的救灾援助；②为东盟成员国、民间社团组织、私营部门和其他东盟应急响应机构在现场建立一站式服务点；③与相关联合国机构和其他国际组织建立现场协调平台。东盟联合行动协调中心主要侧重于促进来自东盟地区的国际援助。

应急响应和评估队成员是训练有素的工作人员，来自国家灾害管理组织或相关部委，这些成员也可能来自10个东盟成员国的合作伙伴和利益相关方。通过设立这一机构，有助于加强与受灾东盟成员国政府和社区的合作。

应急响应和评估队入门课程，用于东盟成员国灾害管理人员的培训，讲授协助受灾国政府和东盟灾害管理人道主义援助协调中心满足地区或国际协调需求的方法，以及在突发紧急事件初期获取高质量信息的方法。

应急响应和评估队入门课程为期9天，采用课堂教学和模拟演练结合的培训方式。在东盟灾害管理和应急响应协定运作框架内，入门课程侧重于评估、协调、信息管理和设备使用。在联合国人道主义事务协调办公室的支持下，应急响应和评估队入门课程还涵盖了联合国灾害评估与协调队方法。

案例研究4 （东盟）应急响应和评估队转型计划

为了解决菲律宾在应对台风海燕（2013）时所反映的能力短板，东盟正在引入3个不同级别的队伍培训和队员资格。具体级别如下：

- 一级（国内队）：设置这一级别的目的是确保有足够数量的应急响应和评估队成员接受国家级别的培训。要获得一级资格，候选人必须完成基本的应急响应和评估队入门课程。

- 二级（地区队）：达到特定标准的一级队成员将接受进一步培训，成为特定领域的专业人员或专家，例如人道主义后勤、快速评估或早期恢复、信息管理等。二级认证合格的队员将成为地区可部署队伍的一部分。

- 三级（领导队）：二级队员将接受额外的培训，并从任务部署到模拟演练或实际救灾行动中获得经验。三级队员必须获得联合国灾害评估与协调队队员的认证。

支持的援助对象

——部署应急响应和评估队队员，旨在支持受灾的东盟成员国。应急响应和评估队入门课程适用于来自东盟国家的灾害管理专家，由东盟灾害管理委员会联络点提名课程参与人员。应急响应和评估队专家，包括来自国家灾害管理组织、卫生部、消防和救援服务以及东盟青年组织、红十字会和红新月会及民间社团等伙伴组织的代表。

获取援助的方法

——应急响应和评估队是免费部署的。可以通过电子邮箱 operationroom@ahacentre.org，或拨打电话 +62 21 210 12278，向东盟灾害管理人道主义援助协调中心请求应急响应和评估队的部署。

更多信息，请访问东盟灾害管理人道主义援助协调中心网站：ahacentre.org。

D.1.3 国际红十字与红新月运动

1. 地区灾害响应小组（RDRT）

该小组完全由来自特定地区的国家红会成员组成。地区灾害响应小组的目的，是积极建设地区灾害管理能力。地区灾害响应小组由国家红会志愿者或工作人员组成，通常是相应国家响应团队的成员。

地区灾害响应小组由跨职能领域的专业核心人员组成，例如卫生、后勤、水和卫生设施及通才型救援人员。这些人员接受过团队合作培训，可以为邻国的国家红会提供帮助。

2. 现场评估和协调队（FACT）

这是可快速部署的灾害评估管理团队，为各国红会和红十字会与红新月会国际联合会现场办事处提供支持。FACT 成员拥有各种专业的技术专长，包括救济、后勤、健康、营养、公共卫生和流行病学、心理支持、水和卫生设施，以及财务和行政。

现场评估和协调队随时待命，可在 12 ~ 24 小时内部署到世界任何地方，持续执行任务 2 ~ 4 个星期。

3. 应急响应单元（ERU）

这是由训练有素的技术专家组成的服务实施团队，负责向受灾国家的国家红会提供即时支持。如果当地设施遭到破坏、不堪重负或不复存在，应急响应单元可以提供具体支持或直接服务，并与现场评估和协调队密切合作。这些团队使用预先包装好的标准化设备，可保证 3 个月的自给自足。应急响应单元可在 24 ~ 72 小时内部署，最多可执行 4 个月的任务。

支持的援助对象

——上述 3 个技术团队的部署，都是为了支持国家红会、红十字会与红新月会国际联合会和受灾国家的政府。

获取援助的方法

——有关上述团队的信息，可以通过国家红会获取，也可以访问红十字会与红新月会国际联合会的网址 www.ifrc.org。

国际技术团队部署的管理

——在紧急事件最初的几小时和几天内，受灾国政府面临的一项重要挑战是管理接收的大量援助，包括城市搜索与救援队、紧急医疗队和其他技术响应团队部署的提议。在危机情况下，政府可能很难评估哪些援助是必需的，哪些不是必需的。因此，很难拒绝提供的帮助。

——为了应对更大规模的灾害，国际城市搜索与救援队和医疗队至关重要，但受灾国的救援队通常在紧急情况下负责大部分拯救生命的行动。受灾国的救援队就在当地，因此可以在灾害来袭时立即开始行动。

——只有在受灾国救灾能力不堪重负的情况下，才应请求或接受国际城市搜索与救援队、医疗和其他技术队伍。

——为此，各国政府应提前考虑其所面临的灾害风险类型，评估可能需要的技术援助类型、援助方以及优先顺序。根据需要，可以要求某些团队抵达现场。例如，如果台风预计会影响某个地区或特定群体，团队可以提前抵达现场，以免受到风暴的阻碍。

——各国政府还可以要求联合国灾害评估与协调队或东盟应急响应和评估队作为其代表，管理接受或拒绝国际援助的相关流程。通过这种方式，受灾国政府官员可以专注于部署本国的应急响应资源，向受灾群体提供援助。

D.2 救灾物资和储备

在亚太地区，储备着许多救灾物资，政府、联合国机构和非政府组织在灾害期间可以调动这些物资。

(1) 国际机制：国际人道主义伙伴关系（IHP）、联合国人道主义应急仓库（UNHRD）。

(2) 地区机制：东盟灾害应急物流系统（DELSA）。

D.2.1 国际机制

1. 国际人道主义伙伴关系（IHP）

国际人道主义伙伴关系是政府组织的非正式网络，支持日常救灾紧急行动。成员包括：丹麦、爱沙尼亚、芬兰、德国、卢森堡、挪威、瑞典和英国的政府组织，能够支持联合国、欧盟和其他国际组织。

国际人道主义伙伴关系成员提供标准化援助模块，包括小型信息通信技术（ICT）和信息管理（IM）模块，或者大型营地和人道主义设施基地，从而在应急响应期间支持人道主义救援人员。国际人道主义伙伴关系模块，已部署到亚太地区最近发生的重大灾害中（表 D-1）。

支持的援助对象

——国际人道主义伙伴关系主要面向联合国机构和联合国灾害评估与协调队，但国际红十字与红新月运动、地区组织和各国政府也可能提出要求。

获取援助的方法

——通过瑞士日内瓦的国际人道主义伙伴关系秘书处，可以联系国际人道主义伙伴关系，联系电话 +41 22 917 1600，或通过联合国人道主义事务协调办公室亚太地区办事处电子邮箱 ocha-roap@un.org 进行联系。

表 D-1 国际人道主义伙伴关系模块近期在亚太地区提供的支持

国家	灾害		类型
马绍尔群岛		2013 年干旱	信息通信技术支持模块
菲律宾		2013 年超级台风海燕	3 个现场行动协调中心、3 个信息通信技术支持模块、3 个轻型营地、1 个大本营
瓦努阿图		2015 年热带气旋帕姆	信息通信技术支持模块
尼泊尔		2015 年廓尔喀地震	1 个现场行动协调中心、2 个信息通信技术支持模块、3 个轻型营地
缅甸		2015 年洪水	信息通信技术支持模块
孟加拉国		2017 年罗兴亚难民危机	协调中心

2. 联合国人道主义应急仓库（UNHRD）

其网络支持联合国机构、捐助方、地区机构和其他人道主义组织，为应对紧急情况做好战略储备工作。联合国人道主义应急仓库位于马来西亚梳邦，由世界粮食计划署管理。这个仓库是联合国人道主义应急仓库中心全球网络的一部分。

梳邦的联合国人道主义应急仓库设施目前有 14 个使用方：东盟、澳大利亚国际开发署、援外社、爱尔兰援助组织、马来西亚医疗救助协会、联合国人道主义事务协调办公室、救助儿童会、瑞士红十字会、“栖身之盒”组织、联合国开发计划署、美国国际开发署、世界粮食计划署、世界卫生组织和国际世界宣明会。此外，联合国人道主义应急仓库从供应商处采购了“白色”库存（即没有加印任何标识）物资，这些物资可以根据需要购买。

支持的援助对象

——联合国驻地协调员或人道主义协调员，或已与联合国人道主义应急仓库签署技术协议的机构，包括联合国机构、其他国际组织、各国政府和非政府组织，可要求从联合国人道主义应急仓库网络调拨物资。合作伙伴也可以向其他库存所有方借调库存物资。更多信息，请通过电子邮箱 wfp.subang@wfp.org 进行联系。

获取援助的方法

——设立在马来西亚梳邦的联合国人道主义应急仓库，拥有非食品紧急救援物资的战略储备，包括家庭和卫生用品物资包、临时安置场所用品、IT 设备和其他用于协助应急响应的物资。通常，在确认请求后的两到三天内，可以发出联合国人道主义应急仓库的物资。对使用方而言，救灾物资的入库、保管、查验、处理都是免费服务，最长时间可以持续两年。联合国人道主义应急仓库还提供按成本收费的其他服务，例如采购、运输、技术援助、保险、重新包装和配套。设立在马来西亚梳邦的联合国人道主义应急仓库可通过电话 +603-7846 0473/0918/0917，或电子邮箱 customerservice@wfp.org 进行联系。

D.2.2 地区机制

东盟灾害应急物流系统（DELSA）是东盟的地区紧急救援储备。东盟灾害应急物流系统设施位于马来西亚梳邦，可用于在紧急情况下向受灾成员国提供救济物资。通过提供预制办公室、发电机和应急通信设施，东盟救援物资储备还可以支持受灾情影响的国家灾害管理组织。这一系统由东盟灾害管理人道主义援助协调中心管理。除了梳邦的地区物资储备外，东盟灾害管理人道主义援助协调中心还计划在其他东盟国家建立附属仓库。

支持的援助对象

——东盟成员国。

获取援助的方法

——通过位于印度尼西亚雅加达的东盟灾害管理人道主义援助协调中心，东盟成员国可以向东盟灾害应急物流系统申请救济物资。

请注意

（1）受灾国应制定详细的救灾准备计划，了解灾时可能接受的城市搜索与救援队和其他技术响应小组的数量和类型。

（2）鼓励受灾国与国际技术机构合作，商定技术团队的人员组成、职权范围和启动时期。

（3）除了此处描述的团队之外，一些全球组群还拥有由地区专家组成的快速响应团队，例如儿童保护和反性别暴力（GBV）顾问，可以快速部署。

D.3　待命和增援名册

（1）机构间合作机制：联合国人道主义事务协调办公室应急增援机制、机构间快速响应机制（IARRM）、基于组群的增援机制、技术专家增援机制。

（2）非政府组织：RedR、STARTResponse。

（3）私营部门：敦豪速递灾害响应小组（DRT）。

D.3.1　机构间合作机制

1. 联合国人道主义事务协调办公室应急增援机制

这是一种可以快速部署工作人员的方法，解决现场新出现的或不可预见的关键人道主义需求。对于联合国人道主义事务协调办公室而言，“增援”意味着迅速部署经验丰富的协调专家和其他专业的人道主义工作人员。如果出现不可预见的紧急情况和灾害、危机恶化或不可抗力因素影响了现场办事处，将启动增援力量。

联合国人道主义事务协调办公室可以从区域办事处调动增援人员，也可以利用瑞士日内瓦应急响应支持处（ERSB）响应服务部（RSS）管理的增援机制调动增援人员。这些机制包括应急响应名册和联合增援后备队（ASP）。

应急响应名册包括45名联合国人道主义事务协调办公室工作人员，这些登记在册的人员可以根据临时通知立即部署，通常为期6周。对于3级响应，工作人员最长可以连续部署3个月。

流动应急增援官（RESO）是在接到临时通知后可以立即部署的高级工作人员，用于填补管理和高级协调方面的能力短板。在紧急情况下，也可能要求流动应急增援官执行“侦察”任务，实现以下目的：①协助确定联合国人道主义事务协调办公室的行动路线；②就其他增援部署需求提出建议；③就工作人员连续性规划和相关操作要求提出建议。流动应急增援官的部署持续时间取决于救援需求，从几周到几个月不等。

联合增援后备队（ASP）可以满足增援人员撤离后的临时需求，直到定期雇用人员抵达。联合增援后备队还可以弥补关键的中期人员配置缺口。联合增援后备队由经验丰富的人道主义工作人员组成，以临时任命的方式进行部署。任务签约和启动部署平均需要3～4周。部署后任务执行时间通常为3～6个月，最多可延长至364天。

待命伙伴关系（SBP）是联合国人道主义事务协调办公室与14个合作伙伴组织达成的协议，提供短期人员作为“免费协助人员”，满足紧急情况下的人力资源缺口。合作伙伴拥有自己的人道主义专业人员名册，人员训练有素且经验丰富，许多人都有联合国人道主义事务协调办公室或其他人道主义机构的工作经验。

通常，在收到援助请求后的4周内，可以部署待命伙伴关系工作人员，最长援助时间为6个月。

支持的援助对象

——这些机制支持联合国人道主义事务协调办公室的应急响应任务。

获取援助的方法

——联合国人道主义事务协调办公室通过内部渠道联系名册管理员。更多信息，可以通过电子邮箱 ocha-roap@un.org 向联合国人道主义事务协调办公室亚太地区办事处获取。

2. 机构间快速响应机制（IARRM）

这是联合国机构间常设委员会成员机构做出的一项承诺，旨在建立一份资深且经验丰富的工作人员名册，确保在发生重大紧急情况时能够部署这些工作人员。这些工作人员可以支持人道主义国家工作队，确定和实施人道主义响应。机构间快速响应机制并不是一个独立的团队，而是参与机构各自快速响应能力的组合。

必要时，根据响应环境（包括事件变化速度和持续时间、当地的现有救灾能力，以及相关的后勤和援助获取注意事项），应急指挥组（EDG）会向机构间常设委员会（IASC）负责人提出一系列共享建议，指导机构间快速响应机制部署相应的机构组合。根据当时可用的信息，应急指挥组的建议旨在确定最符合响应需求的部署方案。然后，援助参与机构通过自己的增援机制填补已确定的人员缺口。

支持的援助对象

——机构间快速响应机制增援人员在各自所属组织下工作，因此也接受人道主义协调员的指导。增援人员帮助人道主义国家工作队提供有效的国际救援响应，在受灾国响应的总体框架内满足受灾群体的实际需求。

获取援助的方法

——机构间快速响应机制的部署，由联合国机构间常设委员会负责人决定，负责人在 3 级响应发生后 48 小时内开会，并参考联合国机构间常设委员会应急主管的建议。所有联合国机构间常设委员会成员已承诺：在宣布联合国机构间常设委员会负责人将要召开会议时，将应急援助名册成员转为待命状态。更多信息，可向联合国人道主义事务协调办公室亚太地区办事处获取，电子邮箱 ocha-roap@un.org，网址 interagencystandingcommittee.org/iasc-transformative-agenda。

3. 基于组群的增援机制

该机制提供重要的技术待命和增援能力，在紧急情况发生时支持人道主义组织。这些机制由相应的组群牵头机构管理。例如，世界粮食计划署管理的两个共同服务组群：应急通信组群、后勤组群。

应急通信组群（ETC）是一个全球性的救援组织网络，共同致力于在人道主义紧急情况下提供共享通信服务。在灾后的 48 小时内，应急通信组群提供重要的安全通信服务，以及语音和互联网连接，协助人道主义响应。在需要时，可能包括向受灾群体提供服务。

后勤组群响应小组在紧急情况下为人道主义组织提供后勤协调服务。这些组群确保相应的后勤信息管理，在需要时为救援响应制定后勤战略。通过协调人道主义救援体系获取共同后勤服务，救援物资可以更有效地送到受灾群体手中。

支持的援助对象

——利用世界粮食计划署领导的全球组群，人道主义组织可以提供受灾国内的通信和后勤支持。有意参与信息通信技术或物流协调和信息共享的援助组织代表，可以参加当地的工作组会议。

获取援助的方法

——有关这两个组群的信息，可通过以下联系方式获取：世界粮食计划署地区办事处电子邮箱 wfp.bangkokk@wfp.org；相关组群网站，即应急通信组群网站 www.etcluster.org 和后勤组群网站 www.logcluster.org。

4. 技术专家增援机制

其通过挪威难民委员会专家部署机制（NORCAP）进行管理，提供具有经验、技能和高级专业知识的人员。挪威难民委员会专家部署机制，共拥有 1000 多名专业人员，可以满足各种合作伙伴、救灾环境和危机不断变化的需求。

自 1991 年建立增援人员名册以来，挪威难民委员会专家部署机制的重点一直是发展和加强危机应对能力。挪威难民委员会专家部署机制提供一系列专业能力，包括保护、协调、教育、健康和营养、受灾群体沟通、营地管理和灾后重建。

挪威难民委员会专家部署机制与合作伙伴协作，通过专门项目涵盖以下主题：

（1）保护问题待命人员名册（ProCap）由保护问题高级专家组成，这些专家由挪威难民委员会专家部署机制招募并部署到现场、地区和全球救援行动中，从而加强人道主义保护问题的应对。保护问题待命人员名册顾问还培训中级保护问题工作人员，这些人员来自待命的合作伙伴和联合国机构。保护问题待命人员名册是 2005 年创建的机构间合作机制，由联合国人道主义事务协调办公室领导。

（2）性别问题待命人员名册（GenCap）部署性别问题高级专家，这些专家同时与多个机构合作，增强其开展和促进性别平等项目的能力。性别问题待命人员名册也是联合国机构间的一个合作机制，由联合国人道主义事务协调办公室领导。

(3) 现金和市场发展人员名册（CashCap）部署相应专家，提高人道主义援助中现金项目的运用和有效性。这一机制由联合国和非政府组织成员组成的指导委员会管理。

(4) 评估能力项目（ACAPS）提供便于获取的评估专业知识、及时的数据和分析，为各国政府和人道主义国家工作队的决策提供信息。

支持的援助对象

——挪威难民委员会专家部署机制、保护问题待命人员名册、性别问题待命人员名册、现金和市场发展人员名册和评估能力项目的相应专家，通常部署到现场，作为人道主义国家工作队的资源，支持人道主义协调员。这些专家通常由以下机构进行安置和管理：联合国难民事务高级专员公署、联合国儿童基金会、联合国人权事务高级专员办事处、联合国人道主义事务协调办公室或其他机构。评估能力项目的评估专业知识，也可用于支持各国政府。

获取援助的方法

——保护问题待命人员名册、性别问题待命人员名册、现金和市场发展人员名册和评估能力项目，由挪威难民委员会专家部署机制（NORCAP）进行管理。

更多信息，请访问以下网址：www.nrc.no。

D.3.2　非政府组织

1. RedR

这是一个国际非政府组织，提供熟练专业人员名册，确保重大全球紧急情况的应对能力。这些专业人员来自待命伙伴关系的部署安排，涉及联合国多个机构和其他一线救灾机构。在紧急情况下，这些工作人员可提供额外资源和支持，协助人道主义响应行动。

支持的援助对象

——利用待命人员名册，联合国机构、国际非政府组织和各国政府能够联系受过 RedR 培训的专家，应对人道主义危机。

获取援助的方法

——更多信息，请访问网址 www.redr.org。要了解有关 RedR 待命人员名册的更多信息，请直接联系 RedR 成员所属组织。RedR 在亚太地区的成员组织包括：RedR 澳大利亚、RedR 印度、RedR 斯里兰卡、RedR 马来西亚、RedR 新西兰。

2. STARTResponse

这是由 START 网络管理的一种网络机制，旨在利用 START 网络成员的集体智慧和能力，充分运用本地信息，提高决策速度和降低运作成本。

START 网络的亚洲地区平台，建立名为 GoTeamAsia 的地区共享名册，可以利用整个区域的技能和资源。

这份共享名册在亚洲 10 个国家[1]的人道主义领域为 7 个国际非政府组织[2]提供了增援能力。名册成员是技能娴熟、经验丰富的中高级工作人员，目前分别部署在 7 个参与组织中，并且在部署之前接受过创新的增援培训。技能领域包括：物流和供应链、现金规划、性别平等和包容、儿童保护、老年和残疾包容、粮食安全和生计、水、环境卫生和个人卫生、监督、评估、责信制和学习。该名册上

1 阿富汗、孟加拉国、柬埔寨、印度、印度尼西亚、缅甸、尼泊尔、巴基斯坦、菲律宾、斯里兰卡。
2 行动援助（ActionAid）、美国援外组织（CARE）、基督教援助会（Christian Aid）、伊斯兰救援组织（Islamic Relief）、穆斯林援助组织（Muslim Aid）、国际培幼会（Plan International）、救助儿童会（Save the Children）。

人员可在 72 小时内启动部署，可连续提供 4 ~ 12 周的支持。

支持的援助对象

——GoTeamAsia 共享名册支持 START 网络的国际非政府组织成员。

获取援助的方法

——要了解有关 START 网络及其名册的更多信息，请通过电子邮箱 startresponse@startnetwork.org 或访问网址 startnetwork.org 获取。

D.3.3　私营部门

敦豪速递灾害响应小组是一个全球灾害响应队网络，由 400 多名经过专门培训的志愿者组成。这支灾害响应队的作用，是防止机场因进货量激增而变得拥塞。这支队伍还负责管理入境的救援物资，进行清点、分类、入库，并将入境的救援物资分别寄给相应的收货人。敦豪速递灾害响应小组还承诺：在发生自然灾害的国家或地区的指定地点建立接待和撤离中心。如果需要后勤支持，敦豪速递灾害响应小组可以在 72 小时内到达受灾国，并在灾区机场开展工作，具体取决于位置。

支持的援助对象

——敦豪速递灾害响应小组可用于支持本地和国际非政府组织、联合国相关组织和受灾国政府。这些灾害响应小组主要在指定机场工作，帮助接收人道主义援助。

获取援助的方法

——团队的部署基于双边谅解备忘录（MOU），显著加快了向受灾国家部署与救灾相关的资源。

更多信息，请访问以下网址：www.dpdhl.com。

D.4 信息管理

灾后信息管理是各种人道主义响应的重要组成部分。高效的信息管理，需要商定的流程和训练有素的人员，收集、分析和共享有关灾害情况的信息（图 D–5）。受灾群体、受灾国政府、人道主义组织和媒体，都是紧急情况下信息的来源和使用方。

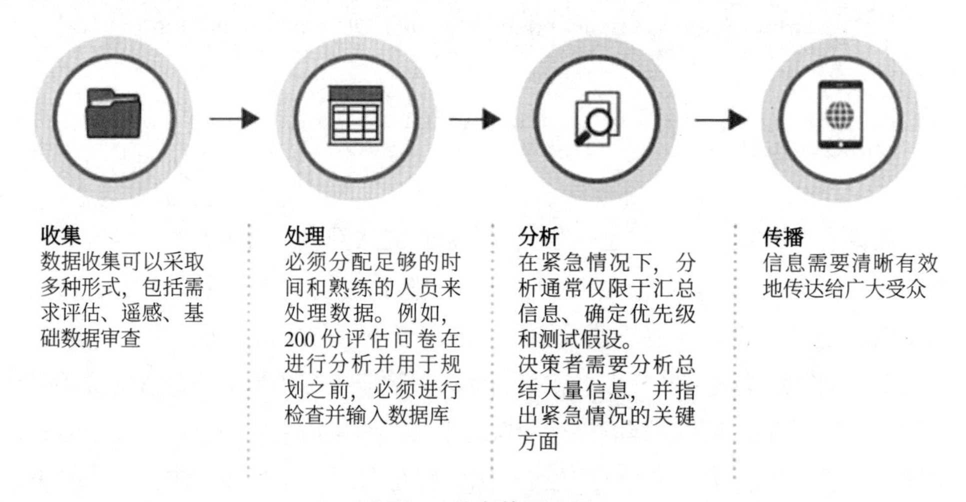

图 D–5 信息管理流程

各国政府建立了相应的机制，从而在应急响应相关机构和部委之间共享和管理信息。本节解释国际人道主义体系在紧急情况下管理信息的具体方式，帮助各国政府更好地了解与国际组织合作和共享信息的方法。

（1）信息管理服务和成果：联合国人道主义事务协调办公室信息管理单元（OCHA-IMU）、人道主义报告。

（2）人道主义网站：援助网（ReliefWeb）、人道主义响应网（HumanitarianResponse.info）、财务跟踪服务（FTS）、人道主义数据交换（HDX）、人道主义救援人员身份数据库（Humanitarian-ID）、东盟灾害信息网（ADInet）、东盟科学灾害管理平台（ASDMP）、南亚灾害知识网（SADKN）、太平洋灾害网（PDN）。

(3) 卫星图像和地图绘制能力：地图行动（MapAction）、信息管理和排雷行动方案（iMMAP）、联合国卫星中心（UNOSAT）、联合国灾害管理和应急响应天基信息平台（UN-SPIDER）、亚洲哨兵（Sentinel-Asia）、空间与重大灾害国际宪章（International Charter for Space and Major Disasters）。

(4) 评估工具：多组群初期快速评估（MIRA）、灾后需求评估（PDNA）、KoBo 工具箱、快速环境评估工具（FEAT）。

D.4.1 信息管理服务和成果

1. 联合国人道主义事务协调办公室信息管理单元（OCHA–IMU）

该单元提供专门的信息管理，帮助正在进行应急响应的国家或地区。包括提供人道主义社区服务的技术人员，制定和推广通用标准，实现组织间数据交换。技术人员整合各类信息，提供人道主义响应概览。技术人员还为需求评估等举措提供技术支持，发布联系人列表、会议日程和地图等信息。人道主义事务协调办公室信息管理单元通过组群方法开展工作，并与政府的信息管理联络点密切合作。

为了促进数据交换，通常会建立一个信息管理工作组，包括来自联合国人道主义事务协调办公室、主要政府机构（国家灾害管理组织、国家统计局等）和组群牵头机构的信息管理工作人员。如果某个国家没有联合国人道主义事务协调办公室工作人员，则可通过人道主义事务协调办公室地区办事处获得信息管理支持。

支持的援助对象

——人道主义事务协调办公室信息管理单元适用于政府和人道主义组织。组群牵头机构的信息管理能力，可用于支持组群成员和职能部委。

获取援助的方法

——通过联合国人道主义事务协调办公室在国内的工作人员，可以联系人道主义事务协调办公室信息管理单元，或通过电子邮箱ochareporting@un.org、ocha-roap@un.org 获取援助。

请注意

信息管理的准备至关重要，可以确保其在紧急情况下的有效性。

准备措施可能包括：收集关键基础数据；建立一个包括国家灾害管理组织、国家统计局、国家测绘机构、联合国人道主义事务协调办公室和组群牵头机构在内的信息管理网络；确保信息管理在应急计划中得到妥善安排；制定完整的需求评估方法。

2. 人道主义报告

该报告包括由联合国人道主义事务协调办公室、驻地协调员或人道主义协调员或人道主义国家工作队开发并发布的几个标准成果。通过这些成果，人道主义合作伙伴能够共享重要信息，支持人道主义合作伙伴之间的业务决策。标准成果包括：

最新情况速报，可在突发危机后的数小时内发布。这是对各类可用信息的简短总结，可以进一步编制情况报告。

情况报告是一份行动情况文件，提供各类情况的简要说明，包括紧急情况下的现阶段需求、响应工作和能力短板。这些报告可以由驻地协调员或人道主义事务协调办公室编制。如果现场没有人道主义事务协调办公室工作人员，则主要使用驻地协调员编制的情况报告。人道主义事务协调办公室和驻地协调员的情况报告，都使用相同的模板。

应急响应期间开发的其他信息成果包括：人道主义快报（关注特定问题或响应领域的信息图表）、支持响应监测的人道主义仪表板，以及新闻稿、高级官员的声明和捐助者简报等。

支持的援助对象

——人道主义报告的受众包括：在受灾国家内外开展工作的人道主义救援人员，以及捐助者、政府、民间社团组织、媒体和公众。

获取援助的方法

——人道主义报告成果可在援助网上公开访问，网址为 www.reliefweb.int，有意了解相关信息的救援人员还可以订阅接收联合国人道主义事务协调办公室在全球发布的情况报告。

D.4.2　人道主义网站

1. 援助网（ReliefWeb）

这是应对全球危机和灾害的主要人道主义信息来源，也是联合国人道主义事务协调办公室的一项专业数字服务，曼谷、内罗毕和纽约的团队全天候更新相关信息。援助网的编辑团队监控和收集 4000 多个主要来源的信息，包括国际和地方人道主义机构、政府、智囊团、研究机构和媒体。援助网也是工作列表和培训项目的宝贵资源。

支持的援助对象

——援助网为人道主义工作者提供及时可靠的信息，帮助其做出明智的决定和规划有效的应对措施。

获取援助的方法

——援助网可以通过以下途径访问：Facebook 和 Twitter 等社交媒体网络、移动应用程序及其应用程序编程接口（API）以及网址 reliefweb.int。

2. 人道主义响应网（HumanitarianResponse.info）

这是一个基于网络的人道主义平台，支持组群间协调和行动数据的信息管理。通过这一网络，受灾国内应急响应团体可以共享查找相关信息，合作做出战略决策。

支持的援助对象

——人道主义响应网是专门定制的资源，满足人道主义紧急情况下部署人员的需求。

获取援助的方法

——人道主义响应网可通过以下网址公开访问：www.humanitarianresponse.info。

3. 财务跟踪服务（FTS）

这是由联合国人道主义事务协调办公室维护的全球数据库，用于记录紧急情况下的人道主义捐助（现金和实物）。财务跟踪服务是一个实时的、可搜索的数据库，其中包括所有已报告的国际人道主义援助，特别是机构间人道主义响应计划（HRP）。财务跟踪服务只记录捐助者和受援实体向其报告的捐助。

捐款报告与来自受援机构的报告一起进行三角测量分析，以显示捐款的使用情况（即捐款是否用于特定的人道主义响应计划、紧急呼吁或其他呼吁）。

支持的援助对象

——各国政府、私人捐助者、基金、受援机构和执行组织都可以使用财务跟踪服务，用于报告有关人道主义行动捐款承诺和捐助。

获取援助的方法

——捐助者、受灾国政府和受援组织可以通过以下方式报告捐款：电子邮箱 fts@un.org 或财务跟踪服务网站提供的在线报告表。财务跟踪服务可以公开访问，网址为 fts.unocha.org。

4. 人道主义数据交换（HDX）

这是一个共享数据的开放平台。人道主义数据交换的目标是确保人道主义数据易于查找和使用，进行相关分析。人道主义数据交换的数据集集合，已供200多个国家和地区的用户访问。这个平台由联合国人道主义事务协调办公室内的团队管理。

支持的援助对象

——人道主义数据交换平台公开为人道主义响应人员提供数据。数据可以采用多种格式，包括Excel电子表格和地理信息系统（GIS）兼容格式。

获取援助的方法

——人道主义数据交换可通过以下网址公开访问：data.humdata.org。

5. 人道主义救援人员身份数据库（HumanitarianID）

这是一种用于在紧急情况下管理联系人的在线工具。人道主义救援响应人员在人道主义救援人员身份数据库中进行注册，然后登录应急响应系统，确保救援人员能够在特定国家或地区发生灾害时找到关键联系人。

支持的援助对象

——人道主义救援人员身份数据库，是人道主义救援人员相互联系和进行协作的工具。

获取援助的方法

——人道主义救援人员身份数据库可通过以下网址公开获取：humanitarian.id。这一工具还有手机应用程序，可以在Android和iOS设备上使用。如果处在高度不安全的环境中，那么联系人可能只对经过列表管理员验证的用户可见。

6. 东盟灾害信息网（ADInet）

这是东盟灾害门户网站和数据库系统，由东盟灾害管理人道主义援助协调中心进行管理。通过这一系统，可以实现本地区灾害信息的综合数据收集。国家灾害管理组织和公众提交的灾害报告，由东盟灾害管理人道主义援助协调中心核实和更新。根据东盟灾害信息网中整理的信息，东盟灾害管理人道主义援助协调中心发布每周灾情更新和每月灾情展望。作为知识管理库，东盟灾害管理人道主义援助协调中心的情况速报和情况更新可在东盟灾害信息网的相关灾害页面上查询。

支持的援助对象

——这一网站主要面向东盟地区从事灾害管理工作的人员，包括研究人员、科学家、灾害管理从业人员和政策制定者。网站可公开访问。

获取援助的方法

——东盟灾害信息网可通过以下网址访问：adinet.ahacentre.org。

7. 东盟科学灾害管理平台（ASDMP）

这是一个门户网站和数据库系统，作为一个信息库和知识传播平台，将研究人员和科学家与灾害管理人员和政策制定者联系起来。

支持的援助对象

——主要面向东盟地区从事灾害管理工作的人员，包括研究人员、科学家、灾害管理从业人员和政策制定者，可公开访问。

获取援助的方法

——东盟科学灾害管理平台可通过以下网址访问：asdmp.ahacentre.org/ASDMP/index.do。

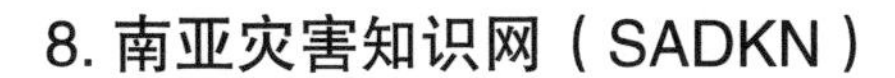

8. 南亚灾害知识网（SADKN）

这是一个共享南亚灾害风险管理知识和信息的门户网站。南亚灾害知识网是一个多系统网络，拥有一个地区门户和 8 个国家门户。这一网络包括南盟成员国的所有国家利益相关方。

支持的援助对象

——南亚灾害知识网为南亚区域合作联盟成员国服务，但也可以公开访问。

获取援助的方法

——南亚灾害知识网可通过以下南亚区域合作联盟灾害管理中心网站访问：www.saarc-sadkn.org。

9. 太平洋灾害网（PDN）

这是面向太平洋岛国的灾害门户网站和数据库系统。该网站提供有关灾害治理、风险评估、早期预警和监测、灾害风险管理和培训的信息。

支持的援助对象

——太平洋灾害网为太平洋岛国服务，但也可以公开访问。

获取援助的方法

——太平洋灾害网可通过联系太平洋共同体（PC）秘书处的电子邮箱进行访问：info@sopac.org。

D.4.3 卫星图像和地图绘制能力

卫星图像可以作为一种高效的工具，快速分析大范围的灾害影响。地图绘制是分析和共享紧急情况影响信息的有效手段，包括联合国人道主义事务协调办公室在内的许多组织，都可以使用卫星图像绘制数据地图。

1. 地图行动（MapAction）

这是一个地图绘制的公益机构，部署高素质的绘图志愿者，支持灾害响应。志愿者通常是地理空间信息服务专家，具有数据管理专业技术知识和软件技能。这些专家可以在启动响应 72 小时内进行动员和部署，或者完成与数据管理或地图绘制相关的特定工作。这些专家通常作为联合国灾害评估与协调队的一部分，或与受灾国政府机构、地区机构、国际非政府组织或非政府组织合作伙伴一起部署。

支持的援助对象

——地图绘制服务支持人道主义响应。地图行动通常与联合国人道主义事务协调办公室和政府相关部门密切合作。

获取援助的方法

——可通过联合国人道主义事务协调办公室请求地图行动支持，或直接通过电子邮箱 emumford@mapaction.org 或 info@mapaction.org 联系。

更多信息，请访问以下网址：www.mapaction.org。

2. 信息管理和排雷行动方案（iMMAP）

这是一家提供信息管理服务的地图绘制组织，服务包括数据收集、数据分析、评估、数据库管理、信息图表和地图绘制、工具开发、培训、咨询、行业专业知识、协调和变更管理。信息管理和排雷行动方案为合作伙伴提供与主题相关的全方位信息、知识和变更管理技能，例如粮食安全、卫生、协调、发展、减少灾害风险、人道主义排雷行动、安全、气候变化、城市、农业等。信息管理和排雷行动方案为人道主义组织和发展组织提供额外的能力，帮助其应对行动和战略层面的挑战。信息管理和排雷行动方案还与相关组织合作，提供具有成本效益和更有效率的服务和决策，最终改善受灾群体的处境。

支持的援助对象

——信息管理和排雷行动方案为联合国、非政府组织和各国政府提供双边和多边支持，改进人道主义信息收集、数据管理和空间分析。

——信息管理和排雷行动方案所提供的服务以项目为基础，既可以作为单独的活动，也可以作为持续的合作项目，表现为信息管理和排雷行动方案实施的项目，以及信息管理人员的借调合作。自2012年以来，信息管理和排雷行动方案一直是联合国的官方待命合作伙伴（SBP），为多个国家的联合国相关机构提供支持。

获取援助的方法

——有关信息管理和排雷行动方案的服务，请联系首席执行官William Barron，电子邮箱为wbarron@immap.org；或联系地区总监Craig von Hagen，电子邮箱为cvonhagen@immap.org。

3. 联合国卫星中心（UNOSAT）

该项目提供图像分析和卫星图像解决方案，以支持联合国和非联合国人道主义组织行动。

支持的援助对象

——联合国和非联合国人道主义组织和各国政府，都可以使用卫星中心的服务。

获取援助的方法

——卫星中心可通过以下网址访问：www.unitar.org/unosat。

4. 联合国灾害管理和应急响应天基信息平台（UN-SPIDER）

该平台将灾害管理和空间社区联系起来，协助各国政府使用天基信息进行备灾。

支持的援助对象

——联合国灾害管理和应急响应天基信息平台可供拥有空间机构的国家政府和负责救灾响应行动的灾害管理机构使用。

获取援助的方法

——联合国灾害管理和应急响应天基信息平台可通过以下网址访问：www.un-spider.org。

5. 亚洲哨兵（SentinelAsia）

该机构应用地理空间信息服务技术和天基信息，支持灾害管理活动。这一机制由亚太地区空间机构论坛（APRSAF）进行管理。

支持的援助对象

——亚洲哨兵为各国政府、联合国灾害管理机构以及地区和国际组织提供服务。

获取援助的方法

——亚洲哨兵可通过以下网址访问：www.aprsaf.org/initiatives/sentinel_asia。

6. 空间与重大灾害国际宪章

这是各国空间机构组成的联盟。这一合作机制为授权用户提供了一套统一的系统，用于空间数据采集和交付。

支持的援助对象

——空间与重大灾害国际宪章机制可供授权用户使用，例如国家民防、救援、国防和安全机构的代表，以及代表联合国机构的联合国外层空间事务办公室（UN OOSA）和联合国训练研究所或卫星中心。

获取援助的方法

——空间和重大灾害国际宪章机制，可以通过访问以下网址获取：disastascharter.org/web/guest/activating-the-charter。

D.4.4　评估工具

1. 多组群初期快速评估（MIRA）

这是主要人道主义利益相关方在突发灾害前两周内采用的一种评估方法，于测试在最初 72 小时内做出的规划假设（如基于二次数据分析）。在突发灾害响应的第二周或第三周，多组群初期快速评估提供有关受灾群体需求和国际支援优先事项的信息。多组群初期快速评估以人道主义危机协调评估行动指南为指导，该指南于 2013 年由联合国机构间常设委员会发布。

支持的援助对象

——多组群初期快速评估主要用于人道主义国家工作队，支持受灾国政府。

获取援助的方法

——有关多组群初期快速评估的信息，通过联合国人道主义事务协调办公室、人道主义协调员或联合国驻地协调员，可在受灾国内获得。

2. 灾后需求评估（PDNA）

这是政府主导的评估活动。灾后需求评估是一项补充工作，而不是重复人道主义救援人员进行的初期快速评估。这项工作分析初期快速评估结果，获得与灾后重建相关的数据。

灾后恢复框架（DRF）是评估工作的主要成果，是一份独立的综合报告，提供以下相关信息：灾害的实际影响；损害和损失的经济成本；受灾群体所经历的人道主义影响，以及由此产生的早期和长期灾后重建需求和优先事项。这个框架提供了灾后恢复的行动依据，确保灾后重建计划的优先排序、设计和实施连贯持续。

灾后需求评估需要经历多个阶段和程序。除了评估之外，灾后需求评估还包括：规划任务、面向所有利益相关方的情况介绍会，以及职能领域的培训和指导。灾后需求评估得到了相关机构的支持，包括联合国开发计划署、欧盟委员会和世界银行及其他国家和国际救援机构。

支持的援助对象

——灾后需求评估为受灾国政府提供服务。

获取援助的方法

——有关灾后需求评估和灾后恢复框架的信息，可通过以下机构获取：世界银行的全球减灾与灾后恢复基金（GFDRR）、联合国开发计划署和欧洲民事保护和人道主义援助行动总局。

3. KoBo 工具箱

这是一个免费的开源工具，通过移动电子设备进行数据收集。利用这一工具，用户可通过电子设备在现场收集数据。

KoBo工具箱支持整个周期的数据收集，涉及数据表格设计、数据收集和分析。主要用户包括以下人员：应对人道主义危机的工作人员，在发展中国家工作的援助专业人员，以及研究人员。在紧急情况下和困难的现场环境中，利用这一工具，可以持续提高人道主义救援人员进行需求评估、监测和其他数据收集活动的能力。将 KoBo 工具箱用于人道主义救援的倡议，是联合国人道主义事务协调办公室和哈佛人道主义倡议（HHI）联合提出的。

这一工具平台提供了一个简单直观的界面，用于开发表单，包括复杂的跳转逻辑、验证和通用人道主义问题格式。表单生成器还支持独特的问题库功能，帮助用户开发和共享经过验证和标准化的问题库。

通过简化数据、问题和表格的共享，用户可以更快速、更有效地工作，采用更多的标准指标和问题，减少碎片化（如果每个机构使用不同的非兼容系统就会出现这种情况），提高数据集之间的可比性。

这样可以更好地进行跨时间、跨国家的数据比较，因此整个人道主义社区（包括捐助者、联合国机构和执行伙伴）都将从中受益。

支持的援助对象

——在专门的联合国人道主义事务协调办公室服务器上，人道主义机构可以创建免费账户。人道主义组织也可以将这一工具平台安装在自己的服务器上，直接为工具的进一步开发做出贡献。

获取援助的方法

——若要创建无使用限制的账户并获取专业用户支持，请访问以下网址：kobo.humanitarianresponse.info。

——若要访问免费的在线人道主义需求评估培训，包括 Kobo 工具箱，请访问以下网址：training.kobotoolbox.org。更多信息，请访问以下网址：www.kobotoolbox.org。

4. 快速环境评估工具（FEAT）

该工具有助于识别自然灾害突发后的现有或潜在严重环境影响，这些影响对人类、人类生命支持功能和生态系统构成风险。快速环境评估工具主要关注危险化学品泄漏所产生的直接的和严重的影响。这一工具由联合国环境规划署或联合国人道主义事务协调办公室联合环境小组开发，并获得了荷兰国家公共卫生与环境研究所的支持。

支持的援助对象

——快速环境评估工具旨在服务联合国灾害评估与协调队、城市搜索与救援队、地方主管部门、灾害管理机构和环境专家。

获取援助的方法

——快速环境评估工具袖珍指南，包括所有与快速环境评估相关的工具，可通过突发环境事件中心（EEC）在线访问，网址为 www.eecentre.org/feat。

请注意

——除了此处描述的多职能领域评估之外，还有许多其他针对特定组群和主题的评估方法和工具，可以在紧急情况下使用。

D.5　应急响应准备

“准备规划”一词的内涵包括：政策和法律准备、应急响应准备，以及其他明确人道主义参与机构职能的准备过程。本节介绍用于法律和应急响应准备的国际和地区工具。

——（1）法律准备：国际救灾及灾后初期恢复的国内协助及管理准则（IDRL 准则）、联合国海关便利化示范协定。

——（2）应急响应准备规划：联合国机构间常设委员会应急响应准备（ERP）指南、东盟联合灾害响应计划（AJDRP）。

D.5.1　法律准备

1. 国际救灾及灾后初期恢复的国内协助及管理准则（IDRL 准则）

这是向各国政府提出的一系列建议，涉及协调和促进国际救灾相关法律和计划的制定方法。此类准备规划可能包括以下法律程序的审查和制定：灾害管理法、移民法、海关法、检疫程序及民事和刑事责任程序。

红十字会与红新月会国际联合会开发的各种参考工具，对本指南进行了补充，包括：IDRL 检查表、促进和规范国际救灾和初步恢复援助的示范法（ModelAct）、紧急法令模板。

IDRL 检查表是一种易于使用的评估工具，可帮助政府了解其已有的立法及加强法律准备可能需要的工作。

示范法（ModelAct）支持各国政府对灾害进行法律准备。示范法可以帮助政府制定立法，将 IDRL 准则纳入国内法律和政策。实施 IDRL 准则和示范法，有助于在突发灾害或紧急情况下及时做出响应。

没有现成法律框架时，受灾国政府可在发生灾害时使用紧急法令模板，促进和规范国际救灾援助。

红十字会与红新月会国际联合会的灾害立法项目（DLP）也有助于在国家层面整合 IDRL 准则。灾害立法项目支持国家红会与各国政府合作，制定和应用最先进的灾害相关立法、政策和程序，包括国际灾害援助的法律准备。

支持的援助对象

——符合 IDRL 准则和示范法的法律准备，为联合国各成员国政府提供服务。

获取援助的方法

——通常，法律准备过程的发起，需要国家红十字会与红新月会与各国政府合作，并取得红十字会与红新月会国际联合会的支持。示范法可通过 www.ifrc.org/what-we-do 在线查阅，也可通过国家红会或红十字会与红新月会国际联合会获取。

案例研究 5　国际救灾及灾后初期恢复援助行动：印度尼西亚、柬埔寨和库克群岛案例

2004—2006 年，红十字会与红新月会国际联合会和印度尼西亚红十字会与政府合作开展了一系列研究，确定影响该国国际救援行动的相关法律问题。在与各利益相关方进行深入磋商后，印度尼西亚政府于 2007 年通过了一项新的灾害管理法。2008 年，该国总统颁布了《关于国际机构和外国非政府机构参与灾害管理的第 23 号条例》，充分借鉴了 IDRL 准则。

2010 年 12 月，通过了更详细和更具体的指南，文件名为《国际组织和外国非政府组织在应急响应中的作用》。

2008 年还有另一个类似案例，红十字会与红新月会国际联合会支持柬埔寨政府和柬埔寨红十字会开展 IDRL 技术援助项目，分析有关国际援助的国家法律框架。在这次分析活动之后，柬埔寨于 2015 年 6 月起草并通过了新的灾害管理法。这项法律旨在规范柬埔寨的灾害管理，具有以下 3 个既定目标:

（1）灾前灾害风险的预防、适应能力和减灾措施。

（2）灾害期间的应急响应。

（3）灾后恢复重建工作。

基于这项法律建立了相应的机构，赋予这些机构具有法律约束力的作用和责任，帮助确保资源和协调机制在不同机构之间得到合理分配。目前，这是亚太地区最全面的一项灾害管理法。

与印度尼西亚和柬埔寨的情况类似，IDRL 准则已用于加强太平洋地区的灾害管理准备工作。

库克群岛完成 IDRL 研究后，该国总理在 2012 年 8 月的第 43 届太平洋岛国论坛期间与太平洋岛国领导人共同强调了 IDRL 准则的重要性。

论坛公报鼓励太平洋岛国使用 IDRL 准则，与国家红十字会、红十字会与红新月会国际联合会、联合国和其他相关伙伴合作，加强国家救灾政策及其体制和法律框架的建设。

IDRL 准则已经对整个亚太地区产生了重大影响。在国家层面，印度尼西亚、新西兰和菲律宾采用了新的法律、法规或程序，其中的条款受到 IDRL 准则的启发或与其相符。在阿富汗、柬埔寨、库克群岛、老挝、尼泊尔、巴基斯坦、菲律宾、瓦努阿图和越南，红十字会与红新月会国际联合会和国家红会开展的法律审查程序或 IDRL 研究已经完成或正在进行。若要了解 IDRL 亚太地区技术援助项目的详细进展情况，请访问以下网址：www.ifrc.org。

2. 联合国海关便利化示范协定

这是联合国成员国的一项工具，用于加快救灾物资和救灾人员所携带资源的进出口和过境。联合国海关便利化示范协定载有以下相关规定：简化文件和检查程序；临时或永久关税豁免；关于救援人员、联合国机构和经认可的非政府组织救援物资和设备的进口税；非官方工作时间和地点的清关安排。

支持的援助对象

——联合国海关便利化示范协定由国家政府与联合国签署。不丹、尼泊尔和泰国是亚太地区仅有的签署了联合国海关便利化示范协定的国家。

获取援助的方法

——签署协定的相关程序信息，可以咨询联合国驻地协调员或人道主义协调员，或通过电子邮箱 ocha-roap@un.org 咨询联合国人道主义事务协调办公室亚太地区办事处。

D.5.2　应急响应准备规划

1. 联合国机构间常设委员会应急响应准备（ERP）指南

该指南确保国际人道主义系统能够将操作方法应用于应急准备。应急响应准备方法的主要目标，是优化人道主义紧急事件中关键援助提供的速度和数量。

应急响应准备侧重的情况：潜在紧急事件的规模，需要多个机构或组织采取协同行动。通过应急响应准备，人道主义救援体系能够快速说明其能力，及其可以为受灾国应急响应带来的价值。

应急响应准备工具支持以下功能：

—（1）风险分析，建立对灾害或危机风险的共识，确认中度或高度风险。

—（2）行动准备，建立最低水平的多灾害应急准备，应对缓慢和突然发生的危机或灾害。

—（3）策略规划，根据国内可用的救灾能力，制定响应策略，如果确认为中度或高度风险，则该响应策略可以应对紧急情况的初始阶段。规划过程包括针对特定风险制定应急计划，满足受灾群体在人道主义紧急事件最初 3 ~ 4 周内的不同需求。

—（4）协调和伙伴关系，概述国际人道主义体系的具体组织方式，支持和补充受灾国家的救灾行动。

亚太地区救灾快速响应方法（RAPID），是应急响应准备在亚太地区的改编版本。其目的是更好地支持该地区特有的灾害环境和挑战，同时确保该方法足够灵活，可以参考全球指南并根据具体情况进行调整。

亚太地区救灾快速响应方法由灾害影响分析模型、需求分析、响应能力分析及规划和宣传 4 个部分组成（图 D–6），反映在救灾准备和应急响应过程中。

图 D–6　应急响应准备的亚太地区救灾快速响应方法

亚太地区救灾快速响应方法的具体内容：

（1）将国家响应放在首位，阐明国际人道主义体系加强国家政府救灾准备和应急响应的方式。

（2）通过与各国政府承诺的现有举措（例如可持续发展目标和仙台减少灾害风险框架）产生协同作用，在以下两者之间建立联系：①救灾准备和应急响应；②灾后复原力和发展议程。

（3）支持受灾群体参与响应计划，从而改进责信制并更好地支持地方救灾系统。

（4）利用特定国家的风险概况和易损性数据，为受灾国家提供更具体和适当的应对措施。

支持的援助对象

——应急响应准备和亚太地区救灾快速响应方法，应尽可能确保更多的人员参与，应融入所有可能参与响应的人员。

——亚太地区救灾快速响应方法应该满足以下要求：

（1）由驻地协调员或人道主义协调员领导。

（2）由人道主义国家工作队或类似机构管理。

（3）由组群或职能领域间协调小组和具体的组群或职能领域提供支持。

（4）融入各种各样的应急响应人员，包括地方层面的响应人员。

（5）支持对受灾群体负主要责任的国家主管部门。

——在可能的范围内，国家主管部门和其他国家救援人员应领导或参与救灾准备规划过程，以便对风险、脆弱性和救灾能力达成共识。此外，这些部门和人员可以确保将国际人道主义体系的工作纳入应急准备规划。

获取援助的方法

——更多信息，请访问网址：www.humanitarianresponse.info/en/coordinations，或联系联合国人道主义事务协调办公室亚太地区办事处的电子邮箱：ocha-roap@un.org。

2. 东盟联合灾害响应计划（AJDRP）

这是一种地区救灾准备方法，相当于一个通用框架，可以调动必要的资源和能力，提供及时、大规模的联合应急响应。东盟联合灾害响应计划阐明了东盟机制的工作安排，作为东盟对该地区大规模灾害的总体响应的一部分，用于加强与其他部门和利益相关方的接触。东盟联合灾害响应计划还协助东盟成员国和其他合作伙伴，确定备用救灾资源。这些救灾资源、专家和其他响应能力，可能来自私营部门、民间社团组织或军事资源，并构成了东盟待命安排。

东盟地区灾害应急响应模拟演练（ARDEX）每两年进行一次，由东盟灾害管理委员会负责，测试和验证东盟区域待命安排和联合救灾及应急响应行动协调标准行动程序，以及东盟在灾害发生时的准备情况。2005 年，举办了第一届东盟地区灾害应急响应模拟演练。自 2013 年，东盟灾害管理人道主义援助协调中心与东道国共同举办东盟地区灾害应急响应模拟演练。为支持东盟地区灾害应急响应模拟演练的规划和实施，东盟灾害管理人道主义援助协调中心制定了东盟地区灾害应急响应模拟演练组织者手册，以及相应的裁判手册。自 2016 年在文莱举行的东盟地区灾害应急响应模拟演练以来，该演练还检验了东盟按照“同一个东盟，同一个响应”宣言做出集体响应的准备情况。东盟成员国和灾害应对合作伙伴，包括军事力量、联合国、非政府组织、国际组织、民间社团和私营部门，都参与了东盟地区灾害应急响应模拟演练。

东盟地区论坛救灾演练（ARFDiREx）也是东盟地区的大型救灾演练，由东盟论坛成员国民防和军事主管部门每两年举行一次，与东盟地区灾害应急响应模拟演练的年份错开。通过这一演练，可以促进东盟地区论坛成员之间灾害管理专业知识和实践的交流。

支持的援助对象

——东盟联合灾害响应计划是针对东盟成员国的具体情况而制定的，这些国家发生大规模灾害风险最高。这一计划旨在促进东盟成员国及其救灾合作伙伴之间的规划合作，包括军事力量、联合国机构、国际非政府组织、民间社团和私营部门等。东盟和东盟地区论坛的合作伙伴，也受邀参加东盟地区灾害应急响应模拟演练和东盟地区论坛救灾演练。

获取援助的方法

——东盟联合灾害响应计划可通过以下网址获取：ahacentre.org/files/AJDRP.pdf。更多信息，可通过以下电子邮箱联系东盟灾害管理人道主义援助协调中心：info@ahacentre.org 或 operationroom@ahacentre.org。

D.6　人道主义筹资机制

危机发生后，应立即筹集资金，以启动协调一致的机构间响应计划和人道主义行动，这对于挽救生命和减轻受灾群体的痛苦至关重要。本节介绍国际和地区多边筹资和战略规划工具，可在紧急事件初期立即启动。在亚太地区，国家人道主义筹资机制、双边捐款和私人捐款，是救灾快速响应的核心。

—（1）国际筹资机制：联合国中央应急响应基金（CERF）、国家集合基金（CBPF）、紧急现金拨款（ECG）、红十字会与红新月会国际联合会救灾应急基金（DREF）、联合国开发计划署（UNDP）核心资源分配目标（TRAC）1.1.3 Ⅱ类资源、流行病应急融资基金（PEF）、全球备灾伙伴关系（GPP）。

—（2）地区筹资机制：东盟灾害管理和紧急援助基金、亚太救灾基金、东南亚地区卫生应急基金。

—（3）战略规划和资源调动工具：紧急呼吁、人道主义应急响应计划。

D.6.1　国际筹资机制

1. 联合国中央应急响应基金（CERF）

该机制可以迅速向人道主义救援人员提供资金，启动生命救援行动。中央应急响应基金成立于 2006 年，由 3 个部分组成：①快速响应拨款；②资金不足情况下的紧急事件拨款；③贷款。

当紧急事件突然发生，持续的危机突然恶化或持续危机应对迫切需要资金时，中央应急响应基金可以提供资金支持。快速响应拨款最快可在 48 小时内获得批准。对于在全球范围未受到关注的危机，中央应急响应基金可以提供资金不足情况下的应急拨款。这些资金每年发放两次，为关键的生命救援行动提供急需的经费。中央应急响应基金还可通过 3000 万美元的贷款额度。如果联合国机构确认捐助者的资金即将到位，则可以为联合国机构提供长达一年的贷款。

联合国意识到：迫切需要更大规模和更具战略性的人道主义资金，以及中央应急响应基金在为受灾群体提供救生援助方面的追踪记录。因此，联合国大会批准了将中央应急响应基金的年度供资额度从 4.5 亿美元扩大到 10 亿美元的请求。

支持的援助对象

——中央应急响应基金的资金仅为联合国相关机构、基金和方案服务。然而，非政府组织是中央应急响应基金的重要合作伙伴，在与受援联合国组织合作开展工作时，非政府组织可以获得中央应急响应基金提供的资金。2013—2017 年，亚太地区国家获得了由中央应急响应基金提供的约 3.38 亿美元的资金（图 D–7），2016 年和 2017 年的主要受援国包括阿富汗、孟加拉国、斐济和朝鲜（图 D–8）。

获取援助的方法

——驻地协调员或人道主义协调员代表国家团队，协调并提交中央应急响应基金拨款申请。在受援机构与中央应急响应基金秘书处达成双边协议后，分配的资金将支付到位。

有关中央应急响应基金的更多信息，可以访问以下网址：cerf.un.org。

亚太地区每年接收紧急拨款最多的国家

2013	2014	2015	2016	2017
菲律宾（台风海燕）	**巴基斯坦**（境内流离失所群体）	**尼泊尔**（廓尔喀地震）	**朝鲜**（洪水）	**孟加拉国**（罗兴亚危机和洪水）

亚太地区拨款金额占全球拨款金额的百分比

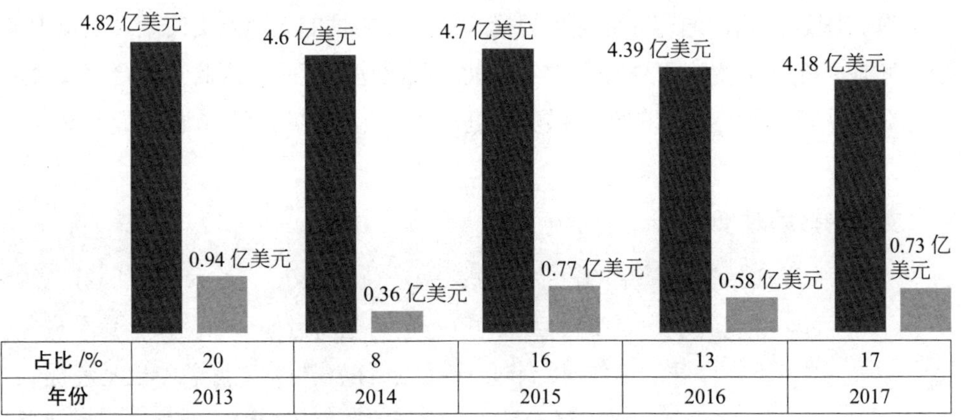

占比 /%	20	8	16	13	17
年份	2013	2014	2015	2016	2017

■ 中央应急响应基金全球拨款金额　■ 中央应急响应基金亚太地区拨款金额

亚太地区每年中央应急响应基金受援国家数量

年份	2013	2014	2015	2016	2017
数量	8	7	8	12	9

图 D-7　中央应急响应基金对亚太地区的拨款（2013—2017 年）

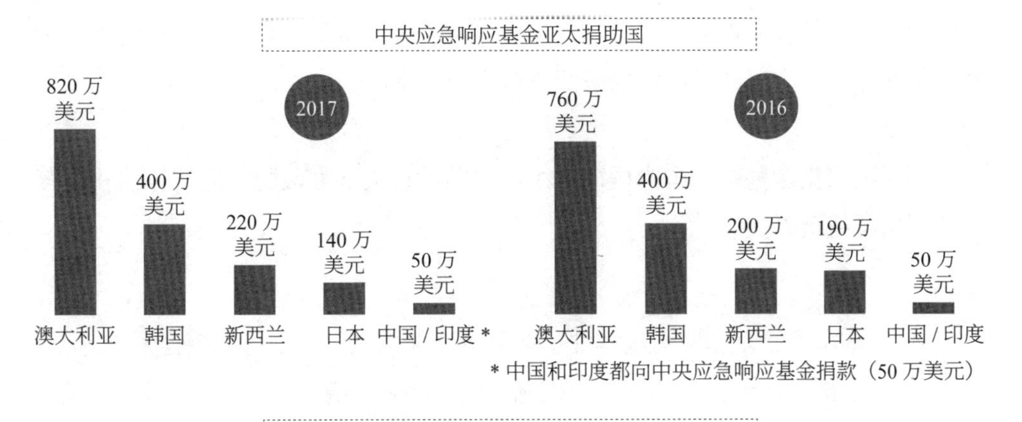

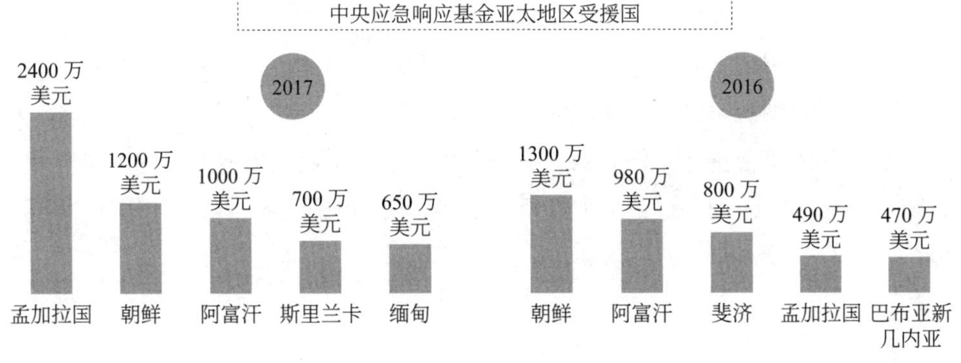

图 D-8　中央应急响应基金对亚太地区的捐款和分配

2. 国家集合基金（CBPF）

该机制由联合国紧急援助协调员设立，针对新发生的紧急事件或现有人道主义局势恶化的情况。人道主义协调员与人道主义团体协商后，在当地对国家集合基金进行管理。

捐款主要来自政府集中收集但未指定用途的资金，支持当地的人道主义工作。采取兼顾各方且透明的流程分配资金，支持人道主义响应计划（HRP）中所协调的优先事项。通过这种方式，可以确保地方救灾有可用的资金，优先分配给有需要的人。

根据人道主义计划周期（HPC）在国家层面确定的人道主义需求和优先事项，

分配国家集合基金所提供的资金。为避免重复分配，确保对现有国家集合基金所供资金的补充，应考虑其他资金来源，包括双边捐款。

利用国家集合基金，国内援助组织可以帮助抗灾能力最脆弱的群体，并更有效地利用可用资源。

（1）国家集合基金具有包容性，能促进伙伴关系。资金可直接提供给各类救援合作伙伴。通过这一机制，可以增强人道主义领导力，鼓励应急响应的相互协作和集体决策。

（2）国家集合基金的运用及时且灵活。利用这项资金，可以在不断变化的紧急情况下进行快速响应。

（3）国家集合基金运作高效且责任明确。这项基金可以最大限度地降低业务成本，提高透明度和实行问责制。受援组织经过全面评估，援助项目受到监督并定期报告已取得的成果。

在人道主义议程中，联合国秘书长强调了国家集合基金的关键作用，呼吁捐助者到 2018 年将通过国家集合基金提供的人道主义资金比例提高到 15%，按照目前的水平，这相当于每年超过 20 亿美元。

2017 年，全球有 18 个活跃的国家集合基金项目，共收到 8.24 亿美元捐款，向 18 个国家的 614 个合作伙伴分配了超过 5.86 亿美元的资金，以支持 1130 个重要的人道主义项目，为数百万人提供医疗保健、粮食援助、清洁水、卫生设施、临时安置场所和其他救生援助。金额最大的国家集合基金项目运作国家包括：也门（9520 万美元）、埃塞俄比亚（8140 万美元）和伊拉克（7170 万美元）。此外，几个国家集合基金项目支持受叙利亚危机影响的难民，拨付的资金总额为 7910 万美元，其中包括约旦（850 万美元）、黎巴嫩（570 万美元）、叙利亚（2380 万美元）和土耳其（4110 万美元）。在亚洲和太平洋地区，国家集合基金项目运作国家还包括阿富汗、缅甸和巴基斯坦。

支持的援助对象

——来自国家集合基金的资金可直接提供给联合国机构、国家和国际非政府组织，以及红十字会和红新月会组织。

获取援助的方法

——在人道主义协调员的领导下，由联合国人道主义事务协调办公室国家办事处在当地管理国家集合基金。设立了一个咨询委员会，负责监督国家集合基金项目的管理，就关键决策提出建议，确保基金项目按照政策和标准得到有效的管理。在全球层面，集合基金工作组（PFWG）汇集了主要利益相关方，代表捐助者、非政府组织和联合国机构，提供政策指导。

更多信息，请访问以下网址查询：www.unocha.org/our-work/humanitarian-financing/country-based-pooled-funds-cbpfs/cbpfs-guidelines。

3. 紧急现金拨款（ECG）

该机制用于援助受自然灾害影响的国家。在灾害发生后，利用这些拨款，联合国人道主义事务协调办公室能够迅速提供资金，支持救援工作。作为基金的保管人，联合国人道主义事务协调办公室评估援助请求，决定于现金的适当分配。每次灾害的拨款金额不能超过 10 万美元。紧急现金拨款于 1971 年根据联合国大会第 2816 号决议设立，随后根据后续决议进行了修订和更新。

支持的援助对象

——驻地协调员办公室（或者，如果适用，驻地协调员或人道主义协调员办公室）起草拨款请求，接收所拨付的资金（如果获得批准），并与国内合作伙伴协商确定资金的分配。通过联合国开发计划署直接采购物资，或将资金提供给救援行动伙伴，例如政府服务机构、联合国机构或基金、红十字会和红新月会、非政府组织，驻地协调员或人道主义协调员可以管理资金的使用安排。无论采用何种渠道机制，驻地协调员或人道主义协调员始终对资金的使用负责。

获取援助的方法

——可以通过不同渠道提出紧急现金拨款请求，包括驻地协调员或人道主义协调员办公室、联合国人道主义事务协调办公室国家或地区办事处、日内瓦或纽约的常驻代表团，或直接向受灾国政府提出请求。

——核实受援国已提出请求并同意国际援助后，驻地协调员或人道主义协调员办公室准备向联合国人道主义事务协调办公室行动负责人提出书面请求。

4. 红十字会与红新月会国际联合会救灾应急基金（DREF）

这是一个未指定用途的资金池，用于确保各国红会在灾害、危机和突发卫生事件中做出快速响应。救灾应急基金可为小型和大型救援行动提供资金。救灾应急基金为短期救助提供资金，保护生命并维持基本生活条件。拨款金额从 2 万瑞士法郎（CHF）到 100 万瑞士法郎不等。

如果仅靠救灾应急基金无法满足计划救援干预的规模，则可能会发起紧急呼吁。这是一份国际筹资推动和定位文件，由红十字会与红新月会国际联合会应国家红会的请求发起，旨在筹集资金。紧急呼吁的预算可能涵盖：现场评估和协调队、应急响应单元、地区灾害响应小组和红十字会与红新月会国际联合会全球其他响应工具的成本，以及部署国际和国内工作人员的费用。

支持的援助对象

——救灾应急基金可供所有 190 个国家红会使用，主要实现以下两个目的：①为红十字会与红新月会国际联合会和各国红会提供资金，应对大规模灾害（贷款机制）；②为各国红会应对中小规模灾害和紧急卫生事件提供资金（拨款机制），这些灾害和紧急卫生事件不会发出国际呼吁，或预计没有其他参与者的支持。

获取援助的方法

——救灾应急基金由位于瑞士日内瓦的红十字会与红新月会国际联合会秘书处管理。所有救灾应急基金分配请求都将根据具体情况审查。资金可在 24 小时内授权并发放。

更多信息，请访问以下网址：media.ifrc.org/ifrc/dref。

5. 联合国开发计划署（UNDP）核心资源分配目标（TRAC）1.1.3 Ⅱ类资源

该机制用于协调突发危机的响应行动，进行需求评估，启动早期恢复框架，为可持续灾后重建奠定基础。

支持的援助对象

——核心资源分配目标（TRAC）1.1.3 Ⅱ类资源服务于联合国开发计划署国家项目。

获取援助的方法

——需要立即提供紧急支持的事件发生后，联合国驻地协调员或开发计划署驻地代表可以向开发计划署危机应对单元和地区办事处发出请求，以紧急分配最多 10 万美元的Ⅱ类资源。在特殊情况下，可能会请求超过 10 万美元的金额。同一国家或地区内，可以为不同的事件提出Ⅱ类资源请求。

6. 流行病应急融资基金（PEF）

该机制为救援响应工作提供增援资金，帮助防止罕见的严重疾病暴发演变成更致命、损失更重的大流行病。流行病应急融资基金涵盖 6 种最有可能引起大流行的病毒，包括新型正粘病毒（新型甲型流感大流行病毒）、冠状病毒（SARS、MERS）、丝状病毒（埃博拉、马尔堡病毒）和其他人畜共患疾病（克里米亚－刚果出血热、裂谷热、拉沙热）。流行病应急融资基金于2016年设立，由世界银行集团与世界卫生组织合作开发，并得到日本和德国以及私营部门合作伙伴的支持。

支持的援助对象

——流行病应急融资基金涵盖有资格获得世界银行国际开发协会（IDA）信贷的所有低收入国家。如果疫情影响符合流行病应急融资基金的启动标准，符合条件的国家可以获得及时、可预测和经过协调的增援资金。流行病应急融资基金还向参与应对重大疫情的国际机构提供资金，这些机构已经获得了流行病应急融资基金的认可。

获取援助的方法

——通过债券和衍生品筹资的保险组合，流行病应急融资基金保险机制可提供高达4.25亿美元的资金，应对6种满足基金启动条件的病毒的暴发。

为了补充保险机制，流行病应急融资基金还有一个5500万美元的现金机制。因而确保了灵活性，可以为尚未满足或无法满足保险机制标准的疫情提供资源。现金机制涵盖更广泛的传染病疫情以及单一国家的疫情。

保险机制自2017年7月开始运行，初始期限为3年（有可能延长），现金机制于2018年开始运行。

流行病应急融资基金的保险机制的启动标准，依赖于通过公开可用数据设计的明确参数。若要有资格获得保险机制下的流行病应急融资基金筹资，疫情必须满足与其严重程度相关的特定标准。这些标准基于疫情的规模、蔓延和传播情况。如果满足这些标准，那么受影响的国家或符合条件的国际救援机构可以提交流行病应急融资基金的资助请求。

更多信息，请访问以下网址：www.worldbank.org/pef。

7. 全球备灾伙伴关系（GPP）

该机制为联合国成员国提供指导和资金，支持各国的备灾工作。全球备灾伙伴关系作为一项综合服务机制，将全球倡议与国家层面联系起来，将国家倡议与社区层面联系起来，旨在支持协调某个国家内部的各种国家备灾和国际备灾活动。通过全球备灾伙伴关系，确保多伙伴共同努力，在其准备工作中创造协同效应。全球备灾伙伴关系的财务核心合作伙伴包括：联合国粮食及农业组织、联合国人道主义事务协调办公室、联合国开发计划署、脆弱二十国（V20）[1]、世界银行和世界粮食计划署。其他合作伙伴包括：减灾能力倡议（CADRI）、减灾民间团体组织全球网络（GNDR）、红十字会与红新月会国际联合会、联合国项目服务办公室（UNOPS）。

建立一个多合作伙伴信托基金（MPTF），支持全球备灾伙伴关系。这个基金由指导委员会领导，该委员会由脆弱二十国和捐助方代表共同主持。行动小组委员会负责监督行动决策和款项资本化。这两个资金项目都得到了设在瑞士日内瓦的秘书处的支持，由联合国开发计划署负责。全球备灾伙伴关系的多合作伙伴信托基金，并没有为某个国家的项目提供固定数额资金，但提出请求的政府必须为备灾活动提供资源。全球备灾伙伴关系计划每6个月接受一次资金申请。

支持的援助对象

——全球备灾伙伴关系的目标是支持各国政府的备灾工作。

——这种伙伴关系适用于任何国家，尽管其最初的重点是支持V20成员国。

1 脆弱二十国（V20）由全球受气候变化相关危机影响最严重的20个国家组成。脆弱二十国成员包括：阿富汗、孟加拉国、巴巴多斯、不丹、哥斯达黎加、埃塞俄比亚、加纳、肯尼亚、基里巴斯、马达加斯加、马尔代夫、尼泊尔、菲律宾、卢旺达、圣卢西亚、坦桑尼亚、东帝汶、图瓦卢、瓦努阿图和越南。

获取援助的方法

——更多信息，请访问网址：www.agendaforhumanity.org/initiatives/gpp，或通过电子邮箱 global@preparednesspartnership.org 联系全球备灾伙伴关系秘书处。

D.6.2 地区筹资机制

1. 亚太救灾基金（APDRF）

这是一个向亚洲开发银行（ADB）的发展中成员国提供增量拨款的基金，在重大自然灾害发生后，恢复社区的生命保护服务。

亚太救灾基金有助于弥补亚洲开发银行现有用于减少灾害风险、早期恢复和重建的资金缺口。

亚太救灾基金为每个项目提供高达 300 万美元的拨款。可能影响拨款规模的因素包括：①受灾的地理范围；②受灾群体的初步估计；③受灾国主要政府机构的反应能力；④受灾国上一次灾害的日期和强度（从而考虑到灾害对国家应对能力的累积影响）。每一次明确灾害声明都代表一个单独的灾害事件，并且有资格获得相应的援助。

支持的援助对象

——所有亚洲开发银行灾害管理中心都有资格获得亚太救灾基金的拨款援助。拨款提供给受灾国的中央政府。然后中央政府可以将资金分配给特定的国家机构和地方政府机构，以及其他合适的国内或国际救援团体，包括非政府组织。

获取援助的方法

——符合下列条件的紧急事件，可以给予资金救助：

（1）灾害管理中心所辖区域发生自然灾害。

（2）已正式宣布的紧急事件，其规模超出受灾国及其机构应对能力，无法立即支付受灾群体恢复救生服务所需的费用。

（3）联合国人道主义协调员或驻地协调员已确认灾害的规模和影响，并提出了协助缓解局势所需的资金总额。

更多信息，请访问以下网址：www.adb.org/site/funds/funds。

2. 东盟灾害管理和紧急援助基金（ADMER Fund）

支持以下项目：东盟灾害管理和应急响应协定工作计划的实施，东盟成员国的应急响应，以及东盟灾害管理人道主义援助协调中心的业务活动。东盟灾害管理和紧急援助基金由东盟秘书处管理，通过自愿捐款进行补充。捐款来自东盟成员国和其他公共和私人伙伴，包括东盟对话伙伴和援助（捐助）政府。

支持的援助对象

——东盟灾害管理和紧急援助基金面向东盟成员国和东盟灾害管理人道主义援助协调中心。

获取援助的方法

——东盟灾害管理人道主义援助协调中心执行主任已获得酌处权，利用东盟灾害管理和紧急援助基金，每次可以为紧急事件拨付最多 5 万美元的款项。

3. 东南亚地区卫生应急基金（SEARHEF）

这是一种可以对灾害做出快速响应的机制，填补可能导致发病率和死亡率升高的关键缺口。该基金于 2007 年设立，涉及世界卫生组织东南亚地区办事处及其 11 个成员国[1]。

支持的援助对象

——东南亚地区卫生应急基金面向世界卫生组织在东南亚地区的 11 个成员国。

获取援助的方法

——通过世界卫生组织国家办事处，成员国可以在紧急情况发生后的 24 小时内获得该基金提供的支持。如有任何疑问，请通过电子邮箱 searhef@who.int 联系。

更多信息，请访问以下网址：www.searo.who.int/entity/searhef/en。

D.6.3　战略规划和资源调动工具

1. 紧急呼吁

这是救灾初期的一项工具，用于机构间人道主义响应战略和资源动员。紧急呼吁可分析人道主义危机的范围和严重程度，简要概述紧急救生需求。在紧急呼吁中，还对救灾初期的行动和资金需求进行优先排序。灾害发生后应立即（最好在 48 小时内）发布紧急呼吁，时间范围涵盖救灾最初的 3 ~ 6 个月。

1 世界卫生组织在东南亚地区的 11 个成员国包括：孟加拉国、不丹、朝鲜、印度、印度尼西亚、马尔代夫、缅甸、尼泊尔、斯里兰卡、泰国、东帝汶。

突发紧急事件，或者在长期危机出现重大和不可预见的升级时，就需要发布紧急呼吁。

支持的援助对象

——联合国机构、国内和国际非政府组织以及国际红十字与红新月运动，可以将救援项目纳入紧急呼吁，支持机构间救灾响应的总体战略目标。

获取援助的方法

——联合国驻地协调员或人道主义协调员，与国家工作队和受灾国政府协商后，即可启动紧急呼吁程序。如果已经部署了联合国灾害评估与协调队，则应在其初步支持下发布紧急呼吁。联合国人道主义事务协调办公室没有部署人员的国家，其地区办事处或联合国人道主义事务协调办公室总部支持国家团队发布紧急呼吁。

有关紧急呼吁的示例，请访问以下网址：www.humanitarianresponse.info/en。

案例研究 6　紧急呼吁行动：尼泊尔

2015 年 4 月尼泊尔发生 7.8 级地震后，联合国和人道主义合作伙伴向人道主义组织发出提供 4200 万美元的紧急呼吁，支持和补充尼泊尔政府应对 280 万受灾群体的救援需求。紧急呼吁优先考虑最紧迫的拯救生命行动，涵盖未来 6 个月所需的食物、营养、生计、临时安置场所、水、环境卫生和个人卫生以及灾民保护等。

2. 人道主义应急响应计划（HRP）

这是由国家工作队开发的一种联合战略，也是宣传和资源动员工具，用于应对需要国际人道主义援助且持续时间超过 6 个月的长期或突发紧急情况。该计划阐明了一个共同愿景，针对受灾群体所评估和表达的需求，提出了具体的应对方式。

人道主义响应计划的制定，是人道主义计划周期的关键一步，只有利用人道主义需求概述（HNO）了解并分析人道主义需求后才能进行。通常，在人道主义需求超出紧急呼吁期限时，会启动人道主义响应计划，并可能将其作为多年响应战略的一部分。

支持的援助对象

——人道主义响应计划是针对国家救援决策者的响应规划工具，例如人道主义协调员和人道主义国家工作队、联合国机构、国内和国际非政府组织以及组群协调员。一旦就共同战略达成一致，联合国机构、非政府组织和国际红十字与红新月运动将开展相关项目，支持这一战略的实施。

获取援助的方法

——人道主义协调员发起规划过程，在其中发挥领导作用，与人道主义国家工作队合作，协商受灾国政府，确定优先事项和战略，并确保组群响应计划符合总体战略。相关组织和组群或职能领域参与规划过程，为计划的制定做出贡献。

有关人道主义响应计划的更多信息，请访问以下网址：www.humanitarianresponse.info/en。

章末注释：

E 早期预警系统

在亚太地区，越来越多的早期预警系统可供灾害管理人员使用。早期预警系统在地理范围和业务领域各不相同，针对各国政府及其合作伙伴，提供不同级别的态势感知、警报和可执行的决策支持。

本章列举的地区和国际早期预警系统，是对国家气象机构和该地区其他政府机构（包括国家灾害管理组织）运作机制的补充。

1. 天气预报

联合台风警报中心（JTWC）为印度洋和太平洋地区提供天气预报和热带气旋警报。可以通过以下网址进行查询：www.metoc.navy.mil/jtwc/jtwc.html。

斐济气象服务除了为斐济提供天气预报外，还向南太平洋各国提供地区范围内的天气预报和热带气旋预警服务。可以通过以下网址进行查询：www.met.gov.fj。

紧急情况管理者天气信息网络（EMWIN）通过一套数据访问方法（无线电、互联网、卫星）和实时警报提供极端天气信息。可以通过以下网址进行查询：www.nws.noaa.gov/emwin。

日本气象厅（JMA）监测日本和周边国家的极端自然现象，例如地震、海啸、台风和暴雨。可以通过以下网址进行查询：www.jma.go.jp/jma。

澳大利亚气象局为澳大利亚及其邻国提供天气预报和热带气旋警报。可以通过以下网址进行查询：www.bom.gov.au。

2. 多灾害早期预警

地区综合多灾种早期预警系统（RIMES）提供地区早期预警服务，帮助其成员国在海啸和水文气象灾害预警方面建设端到端的预警能力。可以通过以下网址进行查询：www.rimes.int。

东盟灾害监测和响应系统（DMRS）将众多来源（包括国家和国际灾害监测和灾害预警机构）的数据和信息整合到一个平台中。针对该地区多种灾害的潜在风险和重大影响，东盟灾害监测和响应系统可以发出警报。这一系统可以报告迫在眉睫的危险、正在发生的灾害事件和更新灾害参数。东盟灾害管理人道主义援助协调中心快速警报由东盟灾害监测和响应系统生成。东盟所有成员国的国家灾害管理组织，都可以监督东盟灾害监测和响应系统，并为之做出贡献。可以通过以下网址进行查询：dmrs.ahacentre.org/dmrs。

灾害警报（DisasterAWARE）为全球的灾害管理机构和国际或非政府组织提供多灾种监测、警报、决策支持和风险情报工具。

灾害警报是完全可定制的，为东盟灾害管理人道主义援助协调中心、印度尼西亚国家灾害管理局（BNPB）、越南灾害管理局（VNDMA）和泰国国家灾害警报中心（NDWC）[1]的地区和国家预警系统提供支持。可以通过以下网址进行查询：disasteralert.pdc.org/disasteralert/。

美国地质调查局（USGS）提供有关全球生态系统和环境的信息，尤其是自然灾害预警。美国地质调查局支持美国国家海洋和大气管理局（NOAA），实现对地磁风暴和海啸的预警。可以通过以下网址进行查询：www.usgs.gov。

全球灾害预警与协调系统（GDACS）提供有关全球灾害的警报，以及促进响应协调的工具。这一系统提供初步灾害信息，并提供计算机系统对重大灾害后的损失和影响进行估算。可以通过以下网址进行查询：www.gdacs.org。

---

1 太平洋防灾中心（PDC）托管两个灾害警报网络应用程序：① EMOPS 面向灾害管理专业人员，网址为 emops.pdc.org；② Disaster Alert 面向公众，网址为 disasteralert.pdc.org，也可在 iTunes 和 Play Store 中获取。太平洋防灾中心正积极与其他国家或组织合作，开发灾害警报（DisasterAWARE）定制版本。

自动灾害分析和绘图系统（ADAM）是一种自动警报系统，可提供近乎实时的灾害信息，加强迅速的人道主义响应。可以通过以下网址进行查询：geonode.wfp.org/adam.html。

3. 洪水早期预警

湄公河委员会监测和预警系统监测湄公河的水位并提供山洪预警。可以通过以下网址进行查询：www.mrcmekong.org。

4. 海啸早期预警

太平洋海啸预警系统（PTWS）监测整个太平洋水域的地震和潮汐，评估地震引发海啸的可能性。可以通过以下网址进行查询：ptwc.weather.gov。

印度洋海啸预警系统（IOTWS）向印度洋沿岸国家提供海啸预警。这一系统由 25 个地震监测台站和 3 个深海传感器组成。可以通过以下网址进行查询：iotic.ioc-unesco.org。

F 相关网页链接

F.1 指南框架

F.1.1 对各国不具约束力的法规

联合国大会第 46/182 号决议

红十字会与红新月会国际联合会（IFRC）

国际救灾及灾后初期恢复的国内协助及管理准则（也称为 IDRL 准则）

世界海关组织（WCO）关于自然灾害救援中海关作用的决议

F.1.2 对各国具有约束力的法规

东盟灾害管理和应急响应协定（AADMER）

东盟灾害管理和应急响应协定 2016—2020 年工作计划

南亚区域合作联盟（SAARC）自然灾害快速响应机制（NDRRM）

F.1.3 人道主义行动自愿准则

改革议程议定书

世界人道主义峰会（WHS）人类议程

国际红十字会与红新月运动和非政府组织救灾行为准则

环球计划：人道主义宪章和人道主义响应的最低标准（环球计划手册）

人道主义质量与责信核心标准

最低初始服务包

联合国机构间常设委员会自然灾害人员保护业务准则

境内流离失所问题的指导原则

在救灾中使用外国军事和民防资源的准则（奥斯陆准则）

亚太地区在自然灾害响应行动中使用外国军事资源的指导原则

灾后遗体管理现场手册

突发环境事件管理指南

灾害废弃物管理指南

联合国机构间常设委员会关于受灾群体以及保护其免受性剥削和虐待的承诺和问责制

联合国机构间常设委员会人道主义行动性别问题手册

联合国机构间常设委员会人道主义环境中性别暴力干预指南

防止性剥削和性虐待的特别措施（ST/SGB/2003/13）

基于社区的投诉机制最佳实践指南

F.2 人道主义机构

F.2.1 联合国

联合国基金、计划和专门机构（联合国机构）

F.2.2 国际红十字与红新月运动

国际红十字与红新月运动

红十字会与红新月会国际联合会（IFRC）

红十字国际委员会（ICRC）

F.2.3 地区组织和政府间论坛

东南亚国家联盟（ASEAN）

东盟灾害管理人道主义援助协调中心（AHA Centre）

东盟地区论坛（ARF）

东亚峰会（EAS）

南亚区域合作联盟（SAARC）

南盟灾害管理中心（SDMC）

太平洋岛国论坛（PIF）

太平洋共同体（PC）

亚太经合组织（APEC）

F.2.4 非政府组织

亚洲减灾和救灾响应网络（ADRRN）

亚洲备灾伙伴关系（APP）

国际志愿机构理事会（ICVA）

InterAction

人道主义响应指导委员会（SCHR）

START 网络

NEAR 网络

F.2.5 私营部门

连接业务倡议（CBi）

F.3 国际协调机制

F.3.1 全球层面的机制

联合国紧急援助协调员（ERC）

机构间常设委员会（IASC）

F.3.2 地区层面的机制

亚太地区人道主义军民协调区域协商小组（RCG）

灾害响应中的人道主义军民协调：建立可预测的模型

F.3.3 国家层面的机制

人道主义协调员（HC）

人道主义国家工作队（HCT）

F.3.4 桥接机制

组群方法

联合国人道主义事务协调办公室（OCHA）

联合国人道主义军民协调（UN-CMCoord）

F.4 灾害响应工具和服务

F.4.1 技术团队

国际搜索与救援咨询团（INSARAG）

紧急医疗队（EMT）

虚拟现场行动协调中心（VOSOCC）

现场行动协调中心（OSOCC）

联合国灾害评估与协调（UNDAC）

突发环境事件中心（EEC）

环境专家中心（EEHub）

（东盟）应急响应和评估队（ERAT）

地区灾害响应小组（RDRT）

现场评估和协调队（FACT）

应急响应单元（ERU）

F.4.2　救灾物资和储备

国际人道主义伙伴关系（IHP）

联合国人道主义应急仓库（UNHRD）网络

东盟灾害应急物流系统

F.4.3　待命和增援名册

联合国人道主义事务协调办公室应急增援机制

机构间快速响应机制

应急通信组群

后勤组群

挪威难民委员会专家部署机制、保护问题待命人员名册、性别问题待命人员名册、现金和市场发展人员名册、评估能力项目

RedR

Start 网络

敦豪速递灾害响应小组

F.4.4 信息管理

地图行动（MapAction）

信息管理和排雷行动方案（iMMAP）

援助网（ReliefWeb）

人道主义响应网（HumanitarianResponse.info）

财务跟踪服务（FTS）

人道主义数据交换（HDX）

人道主义救援人员身份数据库（Humanitarian ID）

东盟灾害信息网（ADInet）

东盟科学灾害管理平台（ASDMP）

南亚灾害知识网

联合国卫星中心

联合国灾害管理和应急响应天基信息平台

亚洲哨兵

空间国际宪章

多组群初期快速评估（MIRA）

灾后需求评估（PDNA）

灾后恢复框架（DRF）

KoBo 工具箱

快速环境评估工具（FEAT）

F.4.5 备灾规划

国际救灾及灾后初期恢复的国内协助及管理准则（IDRL 准则）

促进和规范国际救灾和初步恢复援助的示范法

联合国海关便利化示范协定

应急响应准备（ERP）指南

东盟联合灾害响应计划（AJDRP）

F.4.6 人道主义筹资机制

中央应急响应基金（CERF）

国家集合基金

红十字会与红新月会国际联合会救灾应急基金（DREF）

世界银行流行病应急融资基金

全球备灾伙伴关系

亚太救灾基金（APDRF）

东盟灾害管理和紧急援助基金（ADMER Fund）

东南亚地区卫生应急基金

紧急呼吁

人道主义响应计划（HRP）

F.5 早期预警系统

F.5.1 天气预报

联合台风预警中心

斐济气象局

紧急情况管理者天气信息网络（EMWIN）

日本气象厅

澳大利亚政府气象局

F.5.2　多灾害早期预警

地区综合多灾种早期预警系统（RIMES）

东盟灾害监测和响应系统（DMRS）

太平洋灾害中心

灾害警报

美国地质调查局（USGS）

全球灾害预警与协调系统（GDACS）

世界粮食计划署

自动灾害分析和绘图系统（ADAM）

F.5.3　洪水早期预警

湄公河委员会监测和预报

F.5.4　海啸早期预警

太平洋海啸预警系统（PTWS）

印度洋海啸预警系统（IOTWS）

图书在版编目（CIP）数据

亚太地区灾害响应国际工具和服务指南 / 联合国人道主义事务协调办公室（OCHA）编；中国地震应急搜救中心编译．-- 北京：应急管理出版社，2023

（国际人道主义灾害响应系列丛书）

ISBN 978－7－5020－9137－8

Ⅰ．①亚… Ⅱ．①联… ②中… Ⅲ．①灾害管理—应急对策—亚太地区 Ⅳ．①X4

中国版本图书馆 CIP 数据核字(2021)第 238071 号

亚太地区灾害响应国际工具和服务指南

（国际人道主义灾害响应系列丛书）

编　　者　联合国人道主义事务协调办公室（OCHA）
编　　译　中国地震应急搜救中心
责任编辑　闫　非
编　　辑　孟　琪　田小琴
责任校对　孔青青
封面设计　解雅欣
审 图 号　GS 京(2023)2442 号

出版发行　应急管理出版社（北京市朝阳区芍药居 35 号　100029）
电　　话　010－84657898（总编室）　010－84657880（读者服务部）
网　　址　www. cciph. com. cn
印　　刷　北京地大彩印有限公司
经　　销　全国新华书店

开　　本　710mm×1000mm $^{1}/_{16}$　**印张**　$9^{3}/_{4}$　**字数**　152 千字
版　　次　2023 年 12 月第 1 版　2023 年 12 月第 1 次印刷
社内编号　20210783　　**定价**　58. 00 元
